化学の指針シリーズ

編集委員会　井上祥平・伊藤　翼・岩澤康裕
　　　　　　大橋裕二・西郷和彦・菅原　正

生物有機化学
―― ケミカルバイオロジーへの展開 ――

宍戸昌彦　大槻高史　共著

裳 華 房

BIO-ORGANIC CHEMISTRY
— TOWARDS CHEMICAL BIOLOGY —

by

MASAHIKO SISIDO
TAKASHI OHTSUKI

SHOKABO

TOKYO

「化学の指針シリーズ」刊行の趣旨

　このシリーズは，化学系を中心に広く理科系（理・工・農・薬）の大学・高専の学生を対象とした，半年の講義に相当する基礎的な教科書・参考書として編まれたものである．主な読者対象としては大学学部の2～3年次の学生を考えているが，企業などで化学にかかわる仕事に取り組んでいる研究者・技術者にとっても役立つものと思う．

　化学の中にはまず「専門の基礎」と呼ぶべき物理化学・有機化学・無機化学のような科目があるが，これらには1年間以上の講義が当てられ，大部の教科書が刊行されている．本シリーズの対象はこれらの科目ではなく，より深く化学を学ぶための科目を中心に重要で斬新な主題を選び，それぞれの巻にコンパクトで充実した内容を盛り込むよう努めた．

　各巻の記述に当たっては，対象読者にふさわしくできるだけ平易に，懇切に，しかも厳密さを失わないように心がけた．

1. 記述内容はできるだけ精選し，網羅的ではなく，本質的で重要な事項に限定し，それらを十分に理解させるようにした．
2. 基礎的な概念を十分理解させるために，また概念の応用，知識の整理に役立つよう，演習問題を設け，巻末にその略解をつけた．
3. 各章ごとに内容に相応しいコラムを挿入し，学習への興味をさらに深めるよう工夫した．

　このシリーズが多くの読者にとって文字通り化学を学ぶ指針となることを願っている．

「化学の指針シリーズ」編集委員会

はじめに

　本教科書では，分子レベルで生命の機能を理解すること，およびその理解に基づいた診断や治療，あるいは新薬の探索を指向する有機化学を学ぶ．そのためまず生化学系の機構と，その研究のために用いられている手法を分子のレベルで解説する．次に生化学系の中で機能する人工分子の有機化学について勉強する．すなわち細胞中での人工分子の化学反応や相互作用，あるいはその中でそれらとは独立に挙動する反応や相互作用について解説する．最後にそれらの医療，診断，創薬への応用について述べる．

　本教科書を理解するには，大学1年次程度の有機化学の知識が必要である．生化学についてはアミノ酸や蛋白質，核酸の基本化学構造についての高等学校程度の予備知識があることが望ましいが，本書だけでも理解できるように配慮した．

　本教科書は同じ主題をもつほかの教科書とはかなり内容が異なっている．従来の生物有機化学の教科書は，有機化学の研究室で育った化学者が，その研究室に在籍したまま生物関連の研究を始める立場で書かれていたようである．複雑な立体構造をもつ薬剤の合成，酵素や蛋白質の作用機構の詳細な解析，生体の精緻な構造と機能を模倣した生体モデル化合物の合成などが主な話題であった．一方，本教科書では，化学者が生化学の研究室に移籍し，そこにある設備や技術を使って医療や創薬に役立つ研究を始めるような立場で書かれている．すなわち有機化学の知識と技術のうえに生化学や分子生物学の考えを導入し，生体反応の人工分子による制御や生化学系の人工的な拡張を行うことを目標とする．またさらに生体分子や細胞の構造と機能を理解したうえで，診断，治療，創薬のための新方法を提案することを目標としている．

このように大きく生医学寄りに舵を切ったのは，生物有機化学のゴールとして今後は医療や創薬への応用が中心になることを考えたためである．最近の生化学や分子生物学の進歩，特に全遺伝子の塩基配列解読や蛋白質の構造解析の進歩によって，多くの疾病の原因が分子レベルで解明されるようになった．それに応えて現在の医療には，特定の遺伝子や特定の蛋白質などの分子を標的とする治療や診断，さらに特定の細胞への薬物送達など，分子レベルの診断や治療がつよく期待されている．生化学や分子生物学は生物の機能解明や機構解明などを通して病気の原因究明には大いに役立っている．しかしそれらの学問には，人工分子を自由に作製するという考えがほとんどないので，診断や治療のための新しい分子の探索や，新しい手法の開発にはつながりにくいのである．

　例えばがんの治療について考えよう．生化学研究の進歩により現在では細胞のがん化機構についてはかなり明らかになってきた．しかしがんの治療についていえば，細胞内でどのようなことが起こっているかは大きな問題ではなく，がん化した細胞をどのように見つけ，どうやって消滅させるかが問題なのである．そのためには特定の細胞だけに結合する分子を探索すること，また細胞中の特定の分子だけの機能を阻害する分子を探索することが重要なのである．がん化の機構解明とがんの治療とは，関連しているが異なる分野なのである．病気の診断や治療，あるいは創薬のためには，生体中や細胞中に入りそこで機能する人工機能分子の化学，すなわち本教科書で扱う生物有機化学がどうしても必要なのである．最近このような分野はケミカルバイオロジーと呼ばれるようになっている．本教科書はまさにそのような立場で書かれている．

　多くの学生がこの教科書に書かれた知識と技術をもとにこの分野で活躍され，近い将来の治療に役立つ知識と技術を創出していかれることを，心から願っている．

　本教科書を執筆する機会を与えてくださった編集委員会の先生方，および

第7章の一部を執筆していただいた二見 翠博士に感謝します．

2008年1月

著者を代表して

宍 戸 昌 彦

目 次

第1章　アミノ酸から蛋白質，遺伝子から蛋白質
　　　　　―生体の物質変換と情報変換を学ぶ―

- **1.1**　DNA の構造と性質　*1*
- **1.2**　DNA の複製　*5*
- **1.3**　転写と翻訳　*6*
- **1.4**　RNA の生合成　*7*
  - **1.4.1**　転写の開始・終結と転写単位　*10*
  - **1.4.2**　転写制御　*10*
  - **1.4.3**　転写後のプロセシング　*12*
  - **1.4.4**　生体外転写反応の利用　*13*
- **1.5**　蛋白質の生合成　*14*
  - **1.5.1**　蛋白質生合成装置（リボソーム）　*20*
  - **1.5.2**　tRNA を中心に見た翻訳　*22*
  - **1.5.3**　翻訳後のプロセシング　*31*
  - **1.5.4**　蛋白質生合成系の利用　*32*
- 演習問題　*36*

第2章　分子生物学で用いる基本技術 ―分子生物学の技法を使いこなす―

- **2.1**　遺伝子の操作　*38*
  - **2.1.1**　大腸菌での蛋白質合成のためのプラスミド作製　*38*
  - **2.1.2**　プラスミドへの DNA の導入（DNA の切断および連結）　*40*
  - **2.1.3**　PCR 法による DNA の増幅と点変異の導入　*43*
  - **2.1.4**　DNA 化学合成法　*46*
  - **2.1.5**　DNA のゲル電気泳動　*47*
  - **2.1.6**　大腸菌の形質転換と大腸菌からのプラスミド単離　*48*
  - **2.1.7**　DNA 配列の確認　*50*

- **2.2 蛋白質に関する操作** *51*
  - **2.2.1** 大腸菌での蛋白質合成 *51*
  - **2.2.2** His タグをもつ蛋白質の精製 *52*
  - **2.2.3** SDS ポリアクリルアミドゲル電気泳動による蛋白質の分離と確認 *54*
  - **2.2.4** 抗体を用いた蛋白質の検出 *55*
- **2.3 培養細胞に関する操作** *58*
  - **2.3.1** 細胞の入手と取り扱い *58*
  - **2.3.2** 生細胞数の測定 *60*
  - **2.3.3** DNA や RNA の細胞内導入 *61*
  - **2.3.4** 細胞内での蛋白質の挙動の観察 *64*
- 演習問題 *66*

第3章 細胞内で機能する人工分子 —生き物の中で化学を使いこなす—

- **3.1 人工生体分子の分類** *67*
  - **3.1.1** 構造面からの分類 *68*
  - **3.1.2** 機能面からの分類 *69*
- **3.2 バイオ誤認識分子** *71*
  - **3.2.1** 生理活性分子アナログの例：ペプチドアナログ *71*
  - **3.2.2** DNA ポリメラーゼや RNA ポリメラーゼによって誤認識される
ヌクレオチドアナログ *73*
  - **3.2.3** 核酸アナログ *76*
  - **3.2.4** 核酸サロゲート（ペプチド核酸） *78*
  - **3.2.5** 人工機能をもつ核酸サロゲート *82*
  - **3.2.6** 核酸塩基をもたない核酸サロゲート *85*
  - **3.2.7** DNA 結合低分子 *86*
- **3.3 蛋白質生合成系に組み込まれるアミノ酸アナログ** *88*
- **3.4 バイオ直交分子** *91*
  - **3.4.1** バイオ直交反応 *91*
  - **3.4.2** 生体由来のバイオ直交相互作用 *94*
- **3.5 バイオ直交機能分子としての抗体** *96*

3.5.1　ペプチド特異的モノクローナル抗体　*96*
　　3.5.2　触媒抗体　*97*
　　3.5.3　人工機能分子に対する抗体　*99*
　演習問題　*104*

第4章　人工生体分子から機能生命体へ ―合成生命体にアプローチする―
　4.1　アミノ酸の拡張に要求されるバイオ直交条件　*105*
　4.2　バイオ直交 tRNA の探索　*107*
　4.3　バイオ直交 ARS の探索　*109*
　　4.3.1　tRNA の試験管中でのアミノアシル化　*109*
　　4.3.2　天然の tRNA−ARS 対の改変　*110*
　　4.3.3　有機化学的な tRNA 特異的アミノアシル化　*113*
　4.4　コドン−アンチコドン対の拡張　*114*
　4.5　生体外蛋白質生合成系を用いた非天然変異蛋白質の作製　*116*
　演習問題　*120*

第5章　遺伝子発現の制御 ―生物機能を操る―
　5.1　遺伝子発現の制御　*121*
　5.2　細胞内遺伝子発現の人工的な抑制　*123*
　　5.2.1　アンチセンスとアンチジーン　*123*
　　5.2.2　リボザイム　*126*
　　5.2.3　RNA 干渉（RNAi）　*128*
　5.3　遺伝子破壊　*131*
　演習問題　*133*

第6章　進化分子工学 ―未知の生物機能を創る―
　6.1　進化分子工学的手法の概要　*134*
　6.2　変異遺伝子ライブラリーの作製　*135*
　6.3　RNA の進化分子工学　*138*
　6.4　アプタマー　*140*

6.5　クローニングと解析　*141*
　　6.6　蛋白質の進化分子工学　*142*
　演習問題　*145*

第7章　人工生体分子の医療応用 ―化学を診断や治療につなげる―
　　7.1　細胞特異的結合分子や分子標的薬の開発指針　*146*
　　7.2　細胞膜に存在する標的分子の同定
　　　　　―細胞表面の構造と細胞を特徴づける分子―　*151*
　　7.3　標的分子に特異的に結合するプローブの探索　*152*
　　　7.3.1　One-Bead One-Compound 法　*153*
　　　7.3.2　IC タグ法　*155*
　　　7.3.3　位置スキャンライブラリー　*156*
　　　7.3.4　細胞プローブを用いずにがん細胞特異的な薬剤送達を行う方法　*158*
　　7.4　細胞プローブや分子プローブの蛍光標識と標的細胞や標的分子の蛍光検出
　　　　　―分子イメージング―　*159*
　　　7.4.1　細胞プローブや分子プローブの蛍光標識　*159*
　　　7.4.2　共焦点レーザー走査蛍光顕微鏡　*160*
　　　7.4.3　近赤外蛍光標識剤を用いた生体イメージング　*161*
　　　7.4.4　蛍光法以外の生体イメージング　*162*
　　7.5　抗体を用いた分子標的薬　*164*
　　7.6　現在使用されている抗がん剤　*165*
　　7.7　細胞への薬剤導入　*166*
　　　7.7.1　種々の細胞膜透過機構　*167*
　　7.8　細胞中の特定の分子に作用する分子標的薬剤　*175*
　　　7.8.1　現在実用化されている分子標的薬　*175*
　　　7.8.2　理想的な薬剤を目指して　*177*
　演習問題　*180*

参考文献　*181*
演習問題解答　*182*

索　引　*187*

Column

淡色効果　*4*
DNAの合成と合成高分子の作製との違い　*6*
転写反応を引き起こす酵素　*9*
多糖類，糖脂質，糖蛋白質　*36*
蛍光性蛋白質　*65*
ペプチド固相合成　*100*
DNA固相合成　*103*
光学活性非天然アミノ酸の合成法　*119*
DNAマイクロアレイ　*178*
プロテオーム解析　*179*

第 1 章 アミノ酸から蛋白質，遺伝子から蛋白質
—生体の物質変換と情報変換を学ぶ—

　地球上の生命体は多種にわたり，その形態や性質は大きく異なっているように見える．具体的には，大腸菌などの原核生物（核のない生物）と真核生物（核をもつ生物）に大別され，真核生物には動物，植物，菌類など様々な形態が存在する．しかし分子のレベルで観察するとそれらはほとんど同じものだとわかる．すなわちどの生命体も主に核酸と蛋白質により運営されており，またそれらは 4 種類のヌクレオシドや 20 種類のアミノ酸という共通の単位から構成されている．さらに DNA に記された遺伝情報に従って蛋白質のアミノ酸配列が決定され合成される機構も，大まかには同じと考えてよい．本章では，DNA から RNA，RNA から蛋白質が生体内で合成される過程について概説する．

1.1　DNA の構造と性質

　RNA や蛋白質の配列情報を保存しているのが DNA（デオキシリボ核酸）である．まず DNA の構造を見ておこう．DNA は細胞内では主に二本鎖として存在する．二本鎖 DNA の化学構造を図 1.1（下）に示す．

　DNA は 5 員環デオキシリボースがリン酸ジエステル結合でつながった主鎖構造をもち（図 1.1 上），側鎖としては下に述べる 4 種類の塩基をもつ，化学的には安定な生体高分子である．DNA を構成している単位は，（モノ）ヌクレオチドと呼ばれ，デオキシリボースと核酸塩基，リン酸基から成り立っている．デオキシリボース環の炭素には $1'$ から $5'$ の番号が付いており，$1'$ 位に塩基，$3'$ 位に第 2 級の水酸基（OH 基），$5'$ 位に第 1 級の OH 基が存在

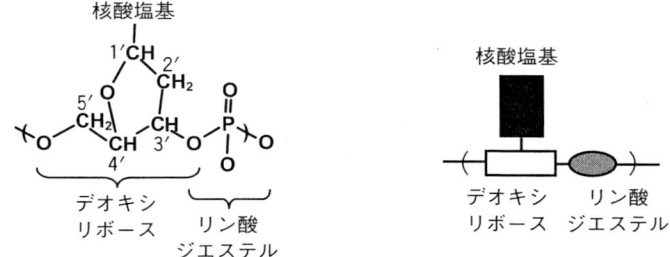

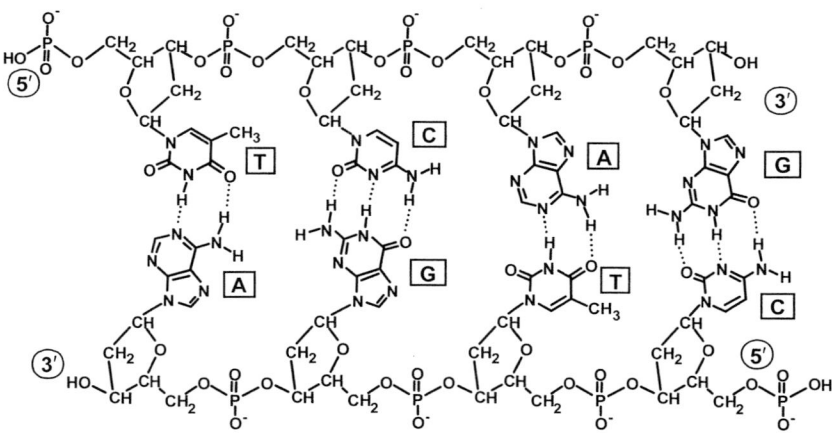

図1.1　DNAのモノマー単位（ヌクレオチド）の化学構造（上），および二本鎖DNAの化学構造（下）

する．DNAは方向性をもつ高分子であり，リン酸基を介して隣接するヌクレオシドの3′位と5′位がつながっている．通常5′を左（上）側，3′を右（下）側に書く（ただし，相補鎖は逆）．なお，ヌクレオチドとはリン酸基の付いた単位，ヌクレオシドとはリン酸基の付いていない単位のことである（本教科書内でもたびたび用いる言葉なので覚えておいていただきたい）．

　核酸塩基には，DNAの場合，アデニン（A），グアニン（G），チミン（T），シトシン（C）の計4種類がある．AおよびGをプリン塩基，TおよびCを

1.1 DNAの構造と性質

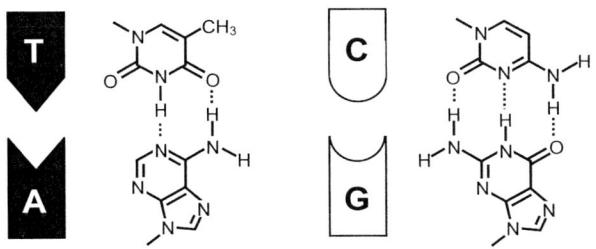

図1.2 核酸塩基とそれらの対合
A−T対は2本，G−C対は3本の水素結合で対合する．

ピリミジン塩基と呼ぶこともある．図1.2のようにAはTとだけ水素結合対をつくり，GはCとだけ水素結合対をつくる．A−T対やG−C対を相補対と呼ぶ．二本鎖DNAは，$5' \to 3'$方向の鎖と$3' \to 5'$方向の鎖に沿って多数の相補対が連なっている（図1.1下）．相補的な組み合わせの2本のDNAは，水中で安定に対合する（ハイブリダイズする）．

遺伝情報は互いに相補的な二本鎖DNAの塩基配列の形で保存される．対合によって二本鎖が形成され情報が安定に保持される．二本鎖DNAは図1.3のような二重らせん構造をとることがワトソン（Watson）とクリック（Click）のX線結晶構造解析によって明らかにされた．二重らせん構造における核酸主鎖のらせんの間には，広い溝（メジャーグルーブ）と狭い溝（マイナーグルーブ）の2種類の溝ができており，これらもそれぞれらせんを描いてい

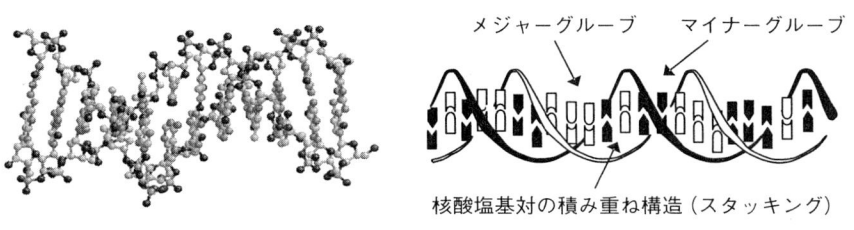

図1.3 二本鎖DNAの立体構造

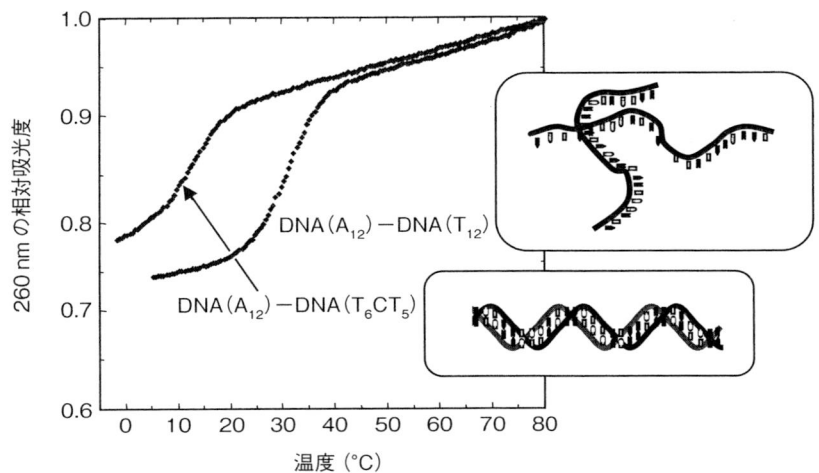

図 1.4 完全相補対および 1 塩基対が相補的でない 12 量体 DNA の二重らせん構造の熱安定性

縦軸は 260 nm の吸光度を示す．同じ DNA でも二重らせん構造をとっていると吸光度が低くなり（淡色効果；コラム参照），らせんがほどけると吸光度が高くなる．

る（図 1.3）．

　相補的な DNA 二本鎖のとる二重らせん構造は低温では安定であるが，高温ではほどける．例えば A－T 対のみからなる 12 量体の相補的 DNA は二重らせん構造をとるが，この溶液を加熱していくと約 30 ℃ でほどけて一本鎖になる（図 1.4）．相補的でない DNA の場合は約 10 ℃ でほどけ，安定性が相当低い．

淡色効果

　DNA 同士や DNA－RNA などの相補対形成は，塩基部分の吸収帯（260 nm）の吸収強度変化によって検出される．核酸塩基が相補鎖形成により密に積み重なる（スタックする）と，その吸収強度は小さくなる．これを淡色効果と

いう．淡色効果はおおよそ次のように説明される．一般に光の電場によって発色基の電子は揺すぶられ，分子内で分極する．しかし多くの発色基が高密度に積み重なっていると，すべての発色基の電子が一斉に同方向に分極することはエネルギー的に不利である．そのため分極が抑えられ，結果的に1個の発色基あたりの吸収強度が小さくなるのである．DNAがほどけて発色基密度が低くなるとこの淡色効果はなくなり，吸収は強くなる．

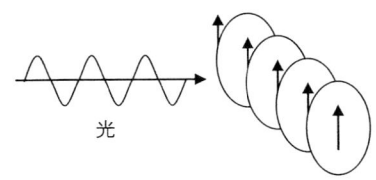
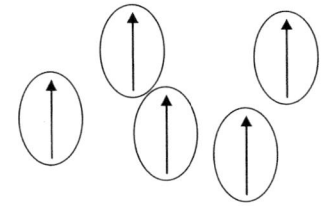

高密度に積み重なった発色基が一斉に同方向に分極することはエネルギー的に不利となり，分極が抑制される

発色基の密度が低くなると発色基本来の強さの分極が誘起される

1.2 DNAの複製

　DNAの複製は，部分的にほどけた二本鎖DNAのそれぞれの鎖を鋳型として5′から3′の方向に伸長して進む．この複製はデオキシリボヌクレオシド3リン酸をモノマーとし，DNAポリメラーゼの酵素触媒作用で進行する．このとき，複製のための鋳型DNAだけでなく，先導配列（プライマー）が必要となる．すなわち，プライマーが鋳型DNAに沿って5′から3′の方向に伸長する形で複製が進む．人工的にDNAを複製する方法としてPCR法があげられるが，それについては2.1.3項で説明するので参照されたい．

　図1.5で示したように，DNAの合成は，活性化されたモノマーであるデオキシリボヌクレオシド3リン酸（dNTP；dATP, dCTP, dTTPおよびdGTPの総称）が次々に成長中のDNA鎖の3′末端のOH基に結合することによって5′→3′の方向に進んでいく．

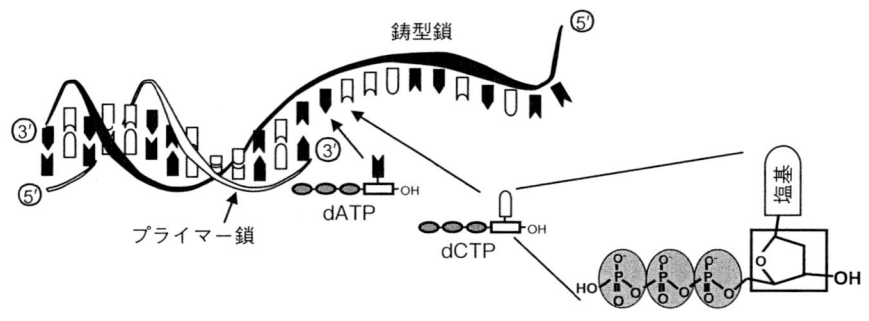

図 1.5　DNA の複製機構

DNA の合成と合成高分子の作製との違い

　DNA や RNA の合成ではモノマー単位であるヌクレオシドが 3 リン酸の形で活性化されており，それらが鋳型鎖に沿って次々とつながっていく．この重合方式はポリエチレンなどの合成高分子の生成法とは大きく異なっている．後者では，成長中の高分子の末端がラジカルやアニオンの形で活性化されており，それらが活性化されていないモノマーと反応して成長する．核酸の重合では，鋳型鎖の塩基と dATP などが，一対ごとに対合しながら成長していく．安定な対合を確認しながら成長するためには，モノマーが活性化されている方式が有利と考えられる．

1.3　転写と翻訳

　細胞内の DNA は DNA ポリメラーゼと呼ばれる酵素を中心とした蛋白質群により複製され，細胞分裂の際にも安定に維持される．また，その安定な二重らせん構造は，情報の保存には好都合である．しかし，DNA だけでは生物の仕組みは成り立たない．生体内の様々な機能は，主に蛋白質と RNA が担っている．生体内におけるすべての蛋白質および RNA の配列情報は，DNA に保存されている．この DNA のもつ配列情報が RNA や蛋白質に変換

される過程のことを，転写（DNA→RNA），および，翻訳（RNA→蛋白質）という．なお，RNAはDNAから直接転写されるが，蛋白質の配列情報はRNAを経由して蛋白質に変換される．最初に転写により，蛋白質のアミノ酸配列を指定する方の鎖（鋳型鎖，または，センス鎖）の塩基配列をもつ一本鎖のmRNA（メッセンジャーRNA）が合成され，このmRNAを鋳型として翻訳が起こり，蛋白質が合成される（図1.6）．

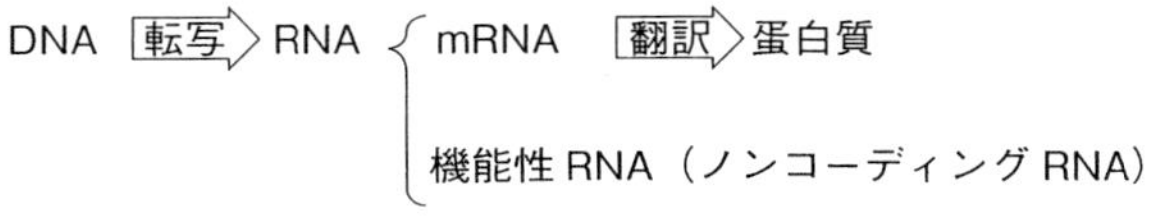

```
DNA [転写]> RNA ┌ mRNA  [翻訳]> 蛋白質
                │
                └ 機能性RNA（ノンコーディングRNA）
```

図1.6　DNAの情報の転写および翻訳による伝達

蛋白質だけでなくRNAにも多様な役割があり，上記のmRNAに加え，翻訳系においてアミノ酸の運び手となるtRNA（トランスファーRNA），リボソーム中に含まれるrRNA（リボソームRNA），スプライシング（1.4.3項参照）に関わるRNA，転写後修飾に関わるRNA，翻訳調節などに関わる一群の短いRNA（miRNA），などが存在する．これらのRNAは蛋白質をコードしていないが，細胞内で種々の重要な機能を担っており，最近ではノンコーディングRNAと総称されている．

1.4　RNAの生合成

RNA（リボ核酸）はDNAのリボース環の2′位にOH基が追加された構造をもつ（図1.7）．核酸塩基のうちA, C, GはDNAと共通であるが，Tだけは5位のメチル基が除かれたウラシル（U）に代わる．

転写は，リボヌクレオシド3リン酸（NTP，あるいはデオキシリボヌクレオシド3リン酸（dNTP）との区別のためにrNTPと書く場合もある）を材料に，DNAを鋳型にしてRNAがつくられる反応である．反応の際，鎖伸長は

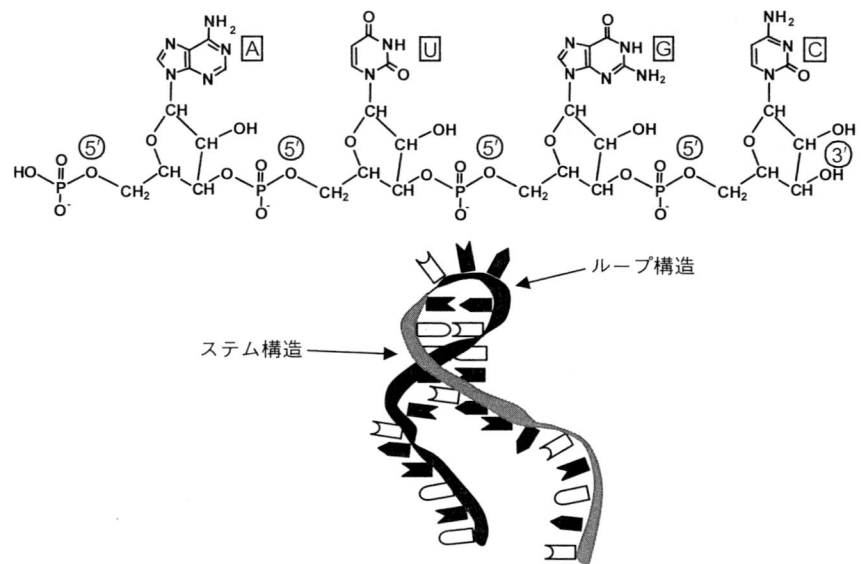

図 1.7　一本鎖 RNA の化学構造（上）と立体構造のイメージ（下）
二本鎖 RNA 部分をステム，図のように二本鎖をつなぐ一本鎖部分をループ，という．

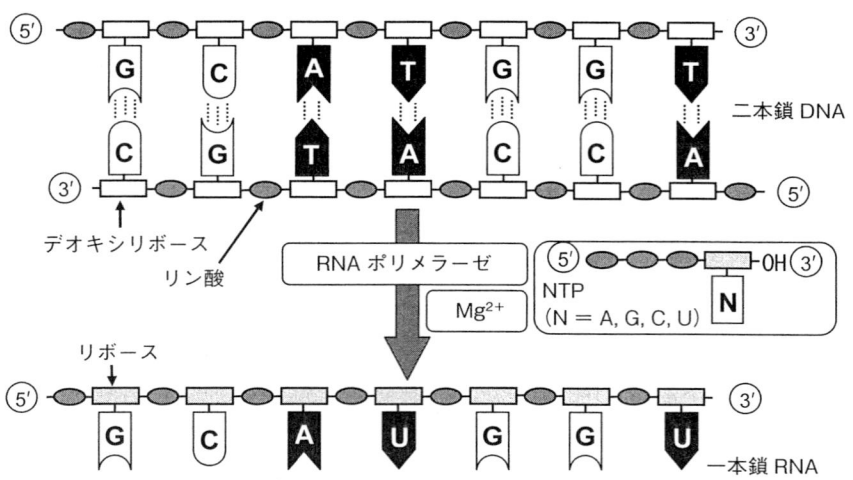

図 1.8　二本鎖 DNA を鋳型とした RNA の転写

$5' \to 3'$ の方向に進む．図1.8に示すように，転写には鋳型DNA，酵素，基質ヌクレオチド，そして Mg^{2+} が必要であり，このことは知られているすべての生物で共通である．転写反応はRNAポリメラーゼ（DNA依存RNAポリメラーゼ）により行われ，部分的にほぐされた二本鎖DNAの $3' \to 5'$ 鎖を鋳型として，RNAが $5'$ から $3'$ の方向に伸長する．鋳型となる核酸は二本鎖DNAであり，一本鎖DNAは鋳型とならない（DNAの合成と異なり，RNA合成反応はプライマーを必要としない．RNAは一本鎖として合成される）．

転写反応を引き起こす酵素

転写において用いられる酵素は，RNAポリメラーゼである．この酵素は，複数のサブユニットから成り立っていることが多く，ファージ（細菌に感染するウイルス）および，原核生物，真核生物で種類とサブユニット数が異なる．原核生物の大腸菌ではRNAポリメラーゼは1種類で，このポリメラーゼを構成するサブユニットは α_2, β, β', σ の4種類である．σ因子は，酵素分子のDNA（プロモーター）結合に特異性を与える．大腸菌では，通常 σ^{70} というσ因子が中心に機能するが，窒素飢餓状態になると σ^{54}，熱ショックを受けると σ^{32}，と呼ばれる因子が出現する．このようにσ因子の使い分けによって酵素が特定のプロモーターに結合し，転写される遺伝子が選択される．

一方，T7ファージやSP6ファージなどのファージでは，RNAポリメラーゼは1種類で，なおかつ単一のペプチド鎖により成り立っている．これらのファージ由来の酵素は，それぞれT7 RNAポリメラーゼ，SP6 RNAポリメラーゼと呼ばれ，生体内外でRNAを人工的に合成する際に用いられることが多い．利用されることが多い理由の一つは，上記のようにポリメラーゼの構造が単純だからである．

真核生物の場合，RNAポリメラーゼの構造や機能分担が原核生物に比べて複雑になっている．酵母から動物細胞まで，RNAポリメラーゼはその分子サイズがそれぞれ多少異なるものの，基本的な構造や機能は共通である．真核生物には3種類の酵素があり，それぞれpolI，polII，polIIIと分類され

る．多数ある蛋白質をコードする遺伝子はすべて pol II で転写される．1 種類しかないが多コピー存在する rRNA 前駆体は pol I により転写される．pol III は tRNA，5S rRNA，snRNA などの低分子 RNA の転写を担当する．真核生物の RNA ポリメラーゼは 12 ～ 15 種という多数のサブユニットから構成される．そのなかで最も大きい 2 つのサブユニットは，部分的に大腸菌の β，β' と相同性がある．

1.4.1 転写の開始・終結と転写単位

DNA 配列上の転写開始点は，そのすぐ近く（上流）の DNA 配列によって指定されており，そのような配列をプロモーターと呼ぶ．プロモーターは RNA ポリメラーゼあるいは RNA ポリメラーゼを呼び込むはたらきをする転写因子の結合部位である．プロモーターは同じ生物内でも様々な配列のものが存在する．それぞれが異なった時期や状況で選択されることによって，転写される RNA 量が調節されている．原核生物ではプロモーターに RNA ポリメラーゼが結合すると転写開始部位付近の二本鎖 DNA が部分的に解離し，解離した 2 本の DNA 鎖のうちの 1 本（鋳型鎖）に相補的な RNA が合成されていく．真核生物の場合，合成開始機構はもっと複雑であり，RNA ポリメラーゼ単独ではプロモーターに結合することすらできず，多数の基本転写因子の関与が必要である．鋳型 DNA における二本鎖の解離した部分は，RNA が合成されていくのと共に移動していく．そして酵素はやがて合成を停止し鋳型 DNA から離れる．

一方，DNA 上で転写の終結を指示する配列をターミネーターと呼ぶ．RNA ポリメラーゼはプロモーターとターミネーターの間を転写する（図 1.11 参照）．1 回の反応で転写される DNA 領域を転写単位という．

1.4.2 転写制御

RNA をコードする DNA 上にはプロモーター以外にも転写調節領域があり，そこには酵素の一種である転写制御因子が結合する．転写制御因子は基本と

なる転写装置にはたらきかけ，転写を低く抑えたり高めたりして転写量を調節する．なお，基本となる転写装置とは，原核生物ではRNAポリメラーゼと同義であり，真核生物ではRNAポリメラーゼと基本転写因子群により構成される．通常の状態ではわずかな量のRNAが定常的に合成されているが，細胞に加えられた環境や状況の変化に応じて転写量を増減し，それらの変化に対応する必要がある．このため生体には転写制御の仕組みが発達しているのである．

転写の制御には，プロモーターの周囲に存在するDNA上の制御配列とそこに結合する転写制御因子が必要である．DNA上の制御配列に結合した転写制御因子は基本転写装置と相互作用する．このような例は多数知られているが，有名なのはラクトースオペロンの例である（図1.9）．オペロンは原核生物に特徴的に見られる転写単位で，1回の転写により，機能的に関連する

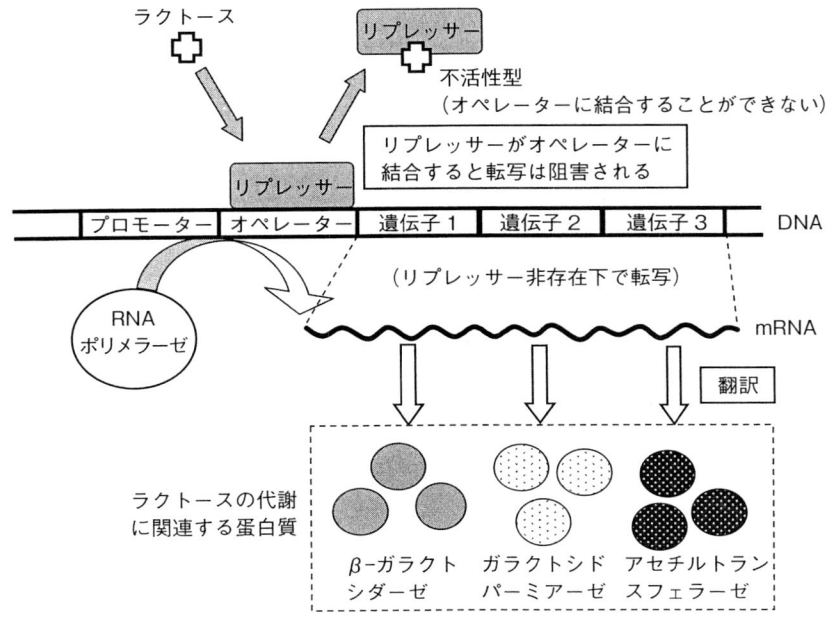

図1.9　ラクトースオペロンに関する転写制御機構の一部

複数の遺伝子が同時に発現する．オペロンのすぐ上流にあるプロモーターの近傍には，転写制御配列としてオペレーターがある．リプレッサーと呼ばれる蛋白質がオペレーターに結合すると，転写が阻害される．これらはラクトースオペロンの場合，*lac* プロモーター，*lac* オペレーター，*lac* リプレッサーなどと呼ばれる．このようなラクトースオペロンの制御の仕組みは非常に合理的である．すなわち，大腸菌の培地にラクトースを加えると，ラクトースはリプレッサーに結合してこれを不活性化するため，オペロンが転写される．この mRNA から翻訳される蛋白質はラクトースの代謝に関する酵素である．逆に，ラクトースがなければ，これらの酵素は合成されない．

1.4.3 転写後のプロセシング

RNA の合成は転写で終わりではない．転写後修飾，スプライシング（転写直後の RNA に含まれる余分な配列が除かれること），ポリ (A) 付加 (mRNA の 3′ 端に A が連続する配列が付加すること．これによって mRNA の安定性が上がる) などのプロセシングを受けて，ようやく成熟 RNA として機能する．

転写後，塩基やリボースのメチル化をはじめとして，RNA は様々な修飾を受ける．特に tRNA は 80 塩基程度の小さい RNA であるにもかかわらず，通常 1 分子につき複数種の修飾を受ける (図 1.15 参照)．真核生物の mRNA は 5′ 末端にキャップ構造と呼ばれる修飾を受ける．キャップ構造は真核細胞内で mRNA が翻訳される際に必要な構造である．

真核生物の RNA (mRNA, tRNA) には，イントロン（成熟 RNA から除かれる）部分とエクソン（成熟 RNA に含まれる）部分が存在する．イントロン部分はスプライシングという機構により mRNA から除かれる．真核生物における mRNA のプロセシングの概要をまとめると，図 1.10 のようになる．

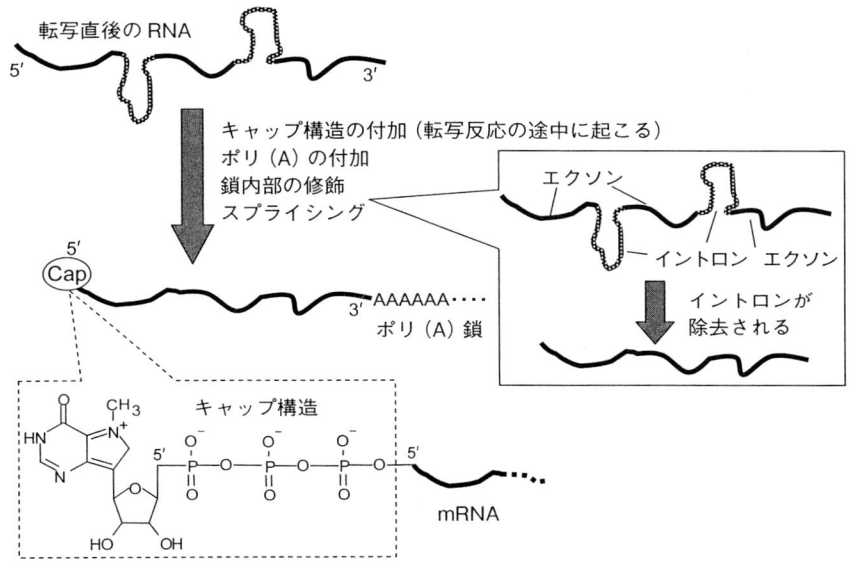

図 1.10 転写後の RNA のプロセシング

1.4.4 生体外転写反応の利用

　RNA の研究を行う場合，研究対象となる RNA が材料として必要である．しかし生体内の RNA の種類はあまりに多く，単一の RNA を生体内から分離精製するのは一般に困難である．このような場合 RNA を生体外（*in vitro*；試験管内）転写によって合成することができる．生体外転写では RNA ポリメラーゼとしてファージ由来のものが使われている．ファージ由来の RNA ポリメラーゼは単独の蛋白質でできており，複数のサブユニットからできている大腸菌の RNA ポリメラーゼより簡単な仕組みである．特に T7 RNA ポリメラーゼは最も広く使われている．

　T7 RNA ポリメラーゼを用いた場合，プロモーターとして 17 個の塩基配列からなる T7 プロモーター（TAATACGACTCACTATA）が用いられ，その直後から RNA 合成が開始される．転写の終結は T7 ターミネーターにより

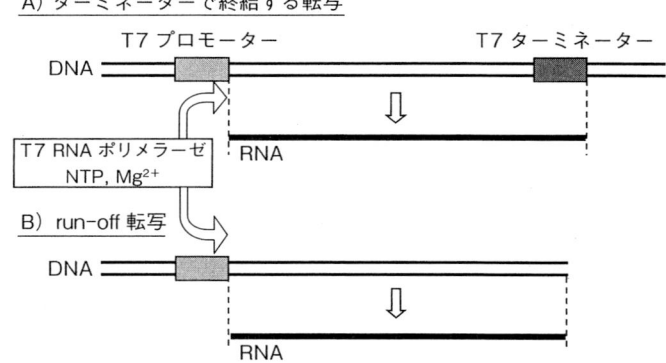

図 1.11 生体外転写系における転写の終結
A) 鋳型 DNA に T7 ターミネーターが含まれる場合はターミネーター配列が転写されたところで転写が終わる．ただし生体外で合成した場合，T7 ターミネーターのところで 100% 転写が終結するとは限らない（著者の経験では，ターミネーターで終結する割合は 5 割程度である）．B) 鋳型 DNA にターミネーター配列が含まれていない場合，転写の進行方向における鋳型 DNA の末端で転写反応が終わる．

行うか，あるいは鋳型 DNA の末端まで転写させる（run-off 転写）かのどちらかである（図 1.11）．実際には run-off 転写が行われる場合が多い．

RNA を合成する方法としては，細胞内で転写する方法や，化学合成する方法もあるが，生体外転写が最も頻繁に用いられる．生体外転写では細胞内転写より RNA の精製が簡単だし，化学合成より操作が簡単で鎖長の長い RNA が得られるからである．また，生体外転写ではトレーサー実験に便利な放射性同位体標識や NMR 実験などに便利な安定同位体標識を行うことが容易である．欠点は，修飾されない，3′ 末端が少し不揃いになる，などがあげられる．

1.5 蛋白質の生合成

蛋白質のアミノ酸配列は，mRNA 上にコードされている．すなわち蛋白質の生合成は，mRNA 上の塩基配列がアミノ酸配列に情報変換される過程

1.5 蛋白質の生合成

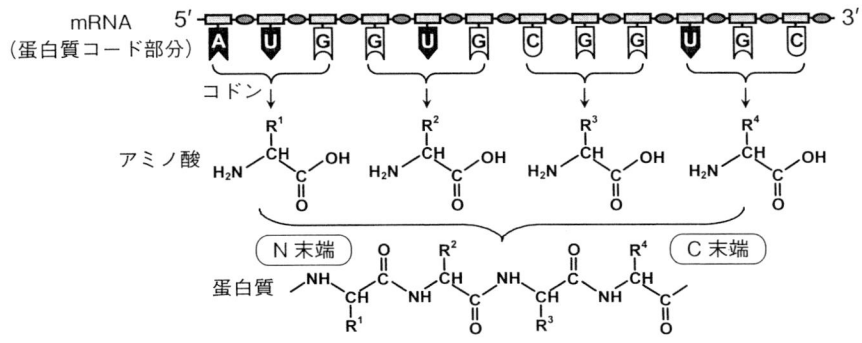

図 1.12 翻訳の概念図
アミノ酸を化学構造式で表し，側鎖を $R^1, R^2, \cdots$ と表す．

である．この情報変換過程は言語の変換に似ており，翻訳と呼ばれる．アルファベット2文字で表されたローマ字が仮名1文字に対応するように，RNA上で連続した3個の塩基配列が1個のアミノ酸に対応している（図1.12）．この3個の塩基配列をコドンという．mRNA上の種々のコドンが次々と異なるアミノ酸に変換され，それらが順につながっていく過程が翻訳である．

さて，コドンは何種類あって，それぞれがどのアミノ酸に対応しているのであろうか？ これを表したものがコドン表である（図1.13）．例えばmRNA上でUUUという配列はフェニルアラニンに対応している．同様にAAAはリシン，CUUはロイシン，といった具合にほとんどすべての3塩基コドンは特定のアミノ酸に対応している．4種類の塩基が三つ並んだときのパターンは4の3乗 = 64であるため，コドンは64種類存在し，そのうちの61種類が20種類のアミノ酸に対応している．コドン表はほとんどの生物種に共通である．

翻訳の開始はAUGという配列によって指定される．開始コドンAUGはまたメチオニンをコードするコドンとしても使われる．一方，翻訳の終了には終止コドンと呼ばれるUAA，UAG，UGAの3種類のコドンのうち，どれ

1文字目 \ 2文字目	U	C	A	G
U	UUU Phe UUC Phe UUA Leu UUG Leu	UCU Ser UCC Ser UCA Ser UCG Ser	UAU Tyr UAC Tyr UAA Stop UAG Stop	UGU Cys UGC Cys UGA Stop UGG Trp
C	CUU Leu CUC Leu CUA Leu CUG Leu	CCU Pro CCC Pro CCA Pro CCG Pro	CAU His CAC His CAA Gln CAG Gln	CGU Arg CGC Arg CGA Arg CGG Arg
A	AUU Ile AUC Ile AUA Ile AUG Met	ACU Thr ACC Thr ACA Thr ACG Thr	AAU Asn AAC Asn AAA Lys AAG Lys	AGU Ser AGC Ser AGA Arg AGG Arg
G	GUU Val GUC Val GUA Val GUG Val	GCU Ala GCC Ala GCA Ala GCG Ala	GAU Asp GAC Asp GAA Glu GAG Glu	GGU Gly GGC Gly GGA Gly GGG Gly

図 1.13 コドン表
Stop と書いたものは終止コドン．アミノ酸は 3 文字表記で表す（図 1.14 参照）．

かが使われる．

　コドンの種類の方がアミノ酸の数より多いので，同じアミノ酸がいくつかのコドンによって指定されている．そして，コドンには使用頻度の高いものと低いものがあり，それらは生物の種類によっていくらか異なっている．例えば大腸菌ではアルギニンを指定するのに CGU や CGC コドンがよく使用され，CGG，CGA，AGA，AGG の使用頻度は低い．なかでも AGG はほとんど使われない．

　コドン表で指定されるアミノ酸は図 1.14 に示す 20 種類である．つまり天然の蛋白質は，基本的にこの 20 種類のアミノ酸を使っている．

　図 1.12 では mRNA 上のコドンとアミノ酸の対応を示したが，コドンに直接アミノ酸が対合するわけではない．tRNA という小さな RNA 分子（図 1.15）が，コドンとアミノ酸を対応させるアダプターとなる．tRNA は 3 塩基からなるアンチコドンと呼ばれる部位をもっており，それが mRNA 上の特定の

1.5 蛋白質の生合成

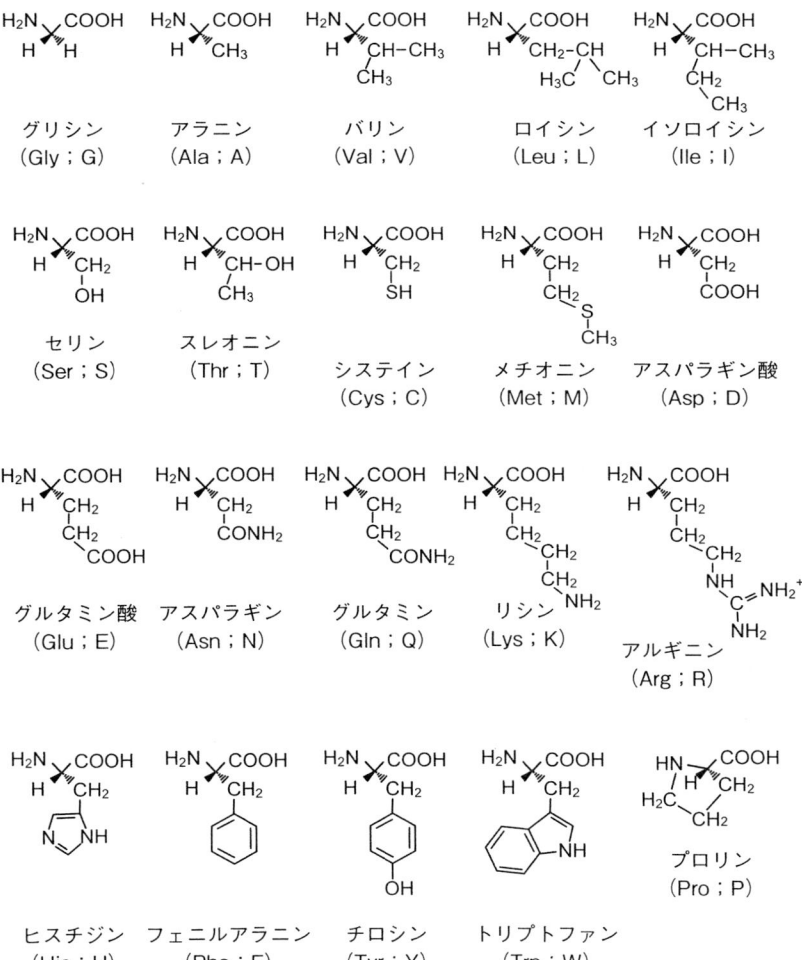

図1.14 天然の蛋白質に使用されている20種類のアミノ酸
各アミノ酸の3文字表記と1文字表記をカッコ内に示す．

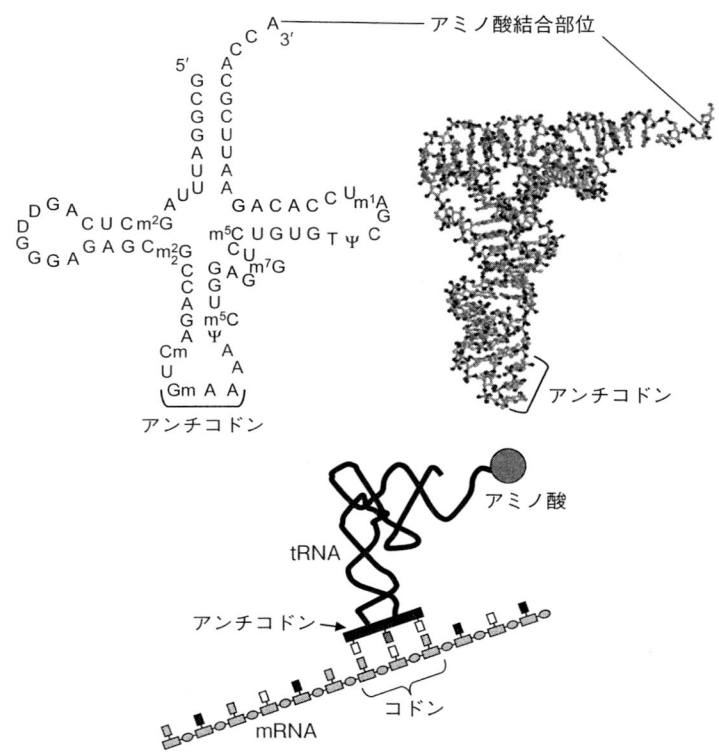

図 1.15 酵母フェニルアラニン tRNA のヌクレオチド配列（上左，種々の修飾塩基が含まれていることに注意）および結晶構造（PDB ID：4TRA）*（上右）

それぞれアンチコドンとアミノ酸結合部位を示す．ヌクレオチド配列において，以下は修飾塩基である；m^2G (2-メチルグアノシン)，D (ジヒドロウリジン)，m^2_2G (2,2-ジメチルグアノシン)，Cm (2′-O-メチルシトシン)，Gm (2′-O-メチルグアノシン)，Ψ (シュードウリジン)，m^5C (5-メチルシトシン)，m^7G (7-メチルグアノシン)，m^1A (1-メチルアデノシン)．（下）アンチコドンとコドンの対合，および tRNA の 3′ 末端とアミノ酸の結合により，tRNA が特定のコドンとアミノ酸を結びつける様子．

* PDB：Protein Data Bank の略．http://pdbjs3.protein.osaka-u.ac.jp/xPSSS/index.html などで閲覧可能．

コドンと対合する．例えば図 1.15（上左）の tRNA は GmAA というアンチコドンをもつので，UUC および UUU の 2 種のコドンだけを特異的に認識す

1.5 蛋白質の生合成

る(UUU にも対合する理由は 1.5.2 項において述べる). 一方, 特定の tRNA はその 3′ 末端に特定のアミノ酸だけを受容する. 例えば, 図 1.15 (上左) の tRNA はフェニルアラニンだけを受容する. それぞれのアミノ酸を担持した tRNA が mRNA 上のそのアミノ酸に対応するコドンに結合する結果, mRNA 上の特定のコドンが特定のアミノ酸に翻訳されるのである (図 1.15 下). mRNA 上のコドンと tRNA のアンチコドンの対合, および以下に述べるペプチド結合の生成はリボソームと呼ばれる RNA-蛋白質複合体の内部で行われる.

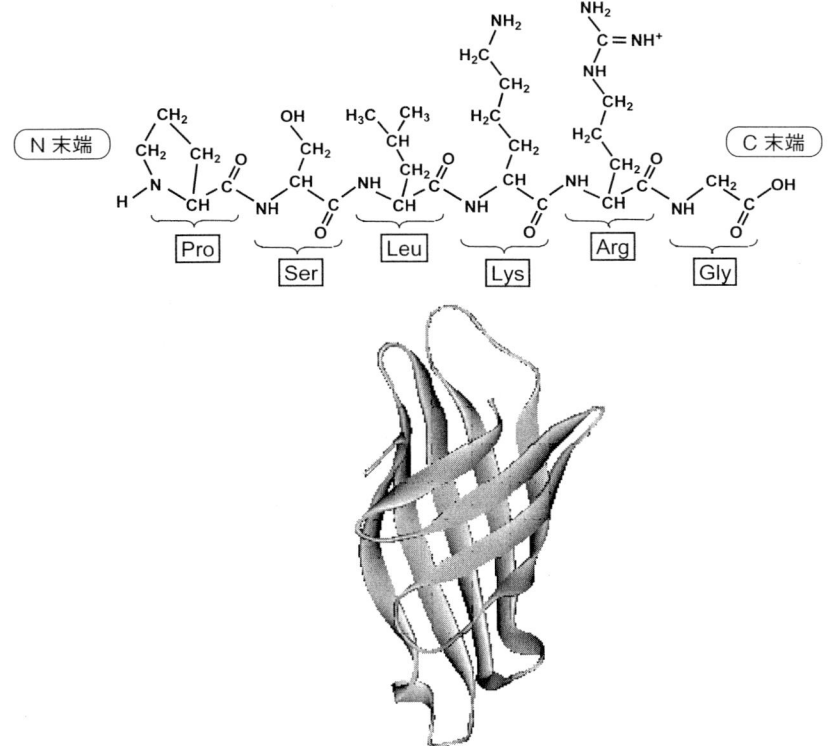

図 1.16 (上) ポリペプチドの構造例. すべてのアミノ酸に共通の ―(NH―CH―CO)$_n$― の部分を主鎖, それ以外の部分を側鎖という. (下) 蛋白質の折りたたみ構造の例. ここでは, ストレプトアビジン (PDB ID:1SWB) という蛋白質の主鎖骨格のみをリボン表示で示した.

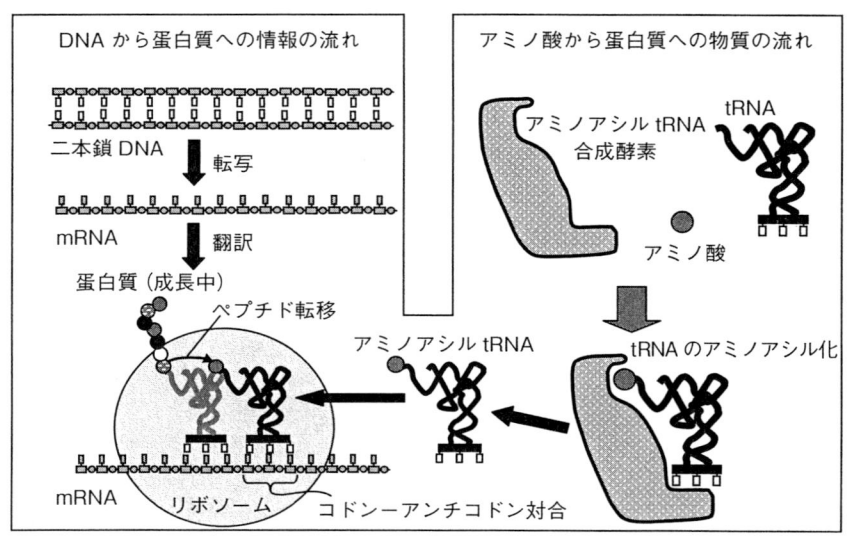

図 1.17　セントラルドグマの概略

　mRNA 上にアミノ酸を担持した tRNA が次々と結合し，それと同期してリボソームが mRNA 上を動く．このようにして種々のアミノ酸配列をもつポリペプチド鎖が合成される（例：図 1.16 上）．

　ここまでは，DNA の塩基配列から蛋白質のアミノ酸配列への「情報の流れ」を中心に述べた（図 1.17 左）．一方，アミノ酸が特定の tRNA に結合し（tRNA がアミノアシル化され），アミノアシル tRNA がリボソーム中に入り，合成途中の蛋白質へアミノ酸を提供する「物質の流れ」が存在する（図 1.17 右）．有機化学的にはこの物質の流れの方が重要ともいえる．

1.5.1　蛋白質生合成装置（リボソーム）

　mRNA のコドンと tRNA のアンチコドンとの対合は，リボソームと呼ばれる RNA－蛋白質複合体の中で行われる．リボソームは，rRNA と呼ばれる RNA と多数のリボソーム蛋白質からなる巨大な分子複合体で，大小 2 個の

1.5 蛋白質の生合成

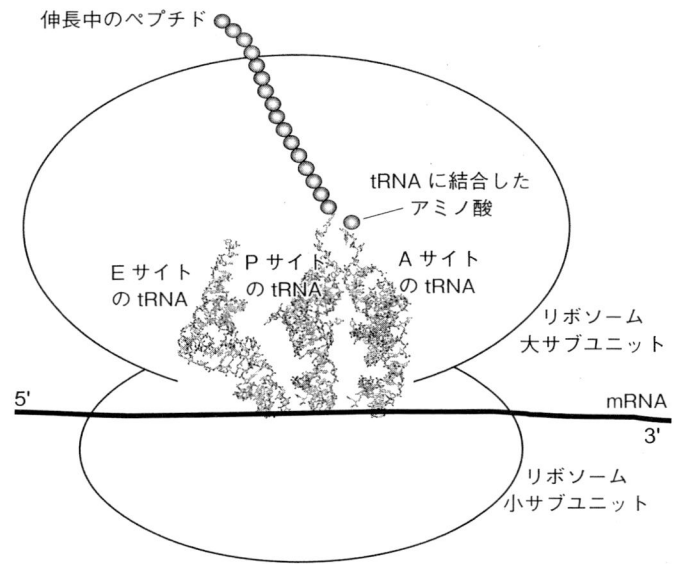

図1.18 リボソーム中の tRNA の配置

リボソームの大サブユニットと小サブユニットを楕円で, tRNA の位置を立体構造図で示した．三つの tRNA 結合部位の位置関係，およびリボソームのおよその大きさは好熱菌のリボソームの結晶構造 (PDB ID:1GIX) に従った．三つの tRNA および mRNA は，リボソーム表面というよりは内部に位置する．

サブユニットからできている．mRNA は小さな方のサブユニット内を動いていく（図1.18）．

リボソームには，アミノ酸が付いた tRNA（アミノアシル tRNA）が収まる A サイトと，成長中のペプチド鎖が付いた tRNA（ペプチジル tRNA）が収まる P サイトがある．A サイトに収まったアミノアシル tRNA のアミノ基が伸長中のペプチドのカルボキシル末端（C 末端）と反応してペプチド結合が形成されると，P サイトの tRNA からペプチド鎖が外れ，A サイトのアミノアシル tRNA のアミノ酸部分と結合する．つまり A サイトの tRNA に 1 個アミノ酸の増えたペプチド鎖がつく．そして，このペプチジル tRNA が P サイト

に移ってAサイトが空になる．このサイクルを繰り返して，ポリペプチド鎖が生成する．翻訳のストーリー上で重要なのはAサイトとPサイトだが，Eサイトの存在も知られており，Pサイトから押し出されたtRNAはリボソームから出て行く前にEサイトに収まる．

mRNAのコドンとして終止コドン（UAG, UAA, UGAのいずれか）が来ると，tRNAが入る代わりに解離因子と呼ばれるtRNAとよく似た形の蛋白質がAサイトに入り，リボソームが分解して蛋白質が遊離する．

リボソームの構造については，近年，tRNAの結合した状態や翻訳因子の結合した状態など様々な状態の結晶構造が明らかにされ，その反応機構が解明されている．

1.5.2 tRNAを中心に見た翻訳

セントラルドグマをアミノ酸から蛋白質への物質の流れを中心に考えたとき，その中心となる分子はtRNAである．そこでアミノ酸の運び手であるtRNAを中心にして，アミノ酸がポリペプチドに組み込まれるまでをたどってみよう．

1）tRNAへのアミノ酸の結合

特定のアンチコドンをもつtRNAには特定のアミノ酸だけが担持される．例えばアンチコドンGAAをもつtRNAにはフェニルアラニンだけが担持される．この作業を間違いなく行っているのがアミノアシルtRNA合成酵素（ARS）である（図1.19）．ARSというのは一般名称であり，ARSはアミノ酸（20種類）とほぼ同じ数だけ存在する．例えば，アラニン用ARS＝AlaRS，チロシン用ARS＝TyrRS，という具合である．それぞれが特定のアミノ酸を特定のtRNAに担持させている．tRNAは20種類以上存在するが，それぞれどのアミノ酸を受け取るかが決まっており，例えばアラニン用のtRNAはtRNA^{Ala}，チロシン用のtRNAはtRNA^{Tyr}などと書く．

ARSはきわめて精緻な分子認識を行っている．すなわち，アミノ酸を間

1.5 蛋白質の生合成

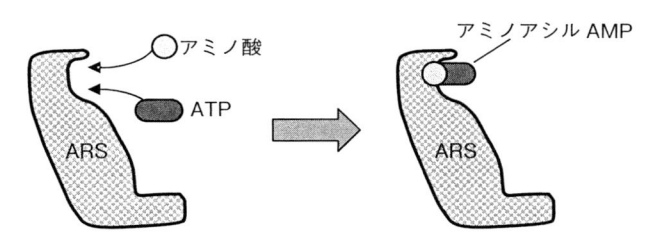

図 1.19 アミノアシル tRNA 合成酵素 (ARS) の行う反応の第 1 段階

違いなく見分け，それを AMP のエステルとして活性化する．次いでそのアミノ酸活性エステルを特定の tRNA に結合させる．その間違いの確率は非常に低く，もし間違ったアミノ酸を tRNA に担持したときにはそれを取り除く校正反応を行う場合があることが知られている．ARS が間違ったアミノ酸を tRNA に結合させてしまった場合には，その後の翻訳機構においてそのまま使われてしまう可能性が高く，翻訳のエラーを防ぐためには ARS が間違わないことが重要なのである．

ARS は 2 段階でアミノ酸を tRNA の 3′ 末端に結合させる．第 1 段階では特定のアミノ酸と ATP とを反応させて，リン酸とカルボン酸の混合酸無水物の形で活性化する (図 1.19)．第 2 段階では ARS が特定の tRNA を取り込み，活性化されたアミノ酸と反応して tRNA の 3′ 末端の OH 基とエステル結合が形成される (図 1.20)．

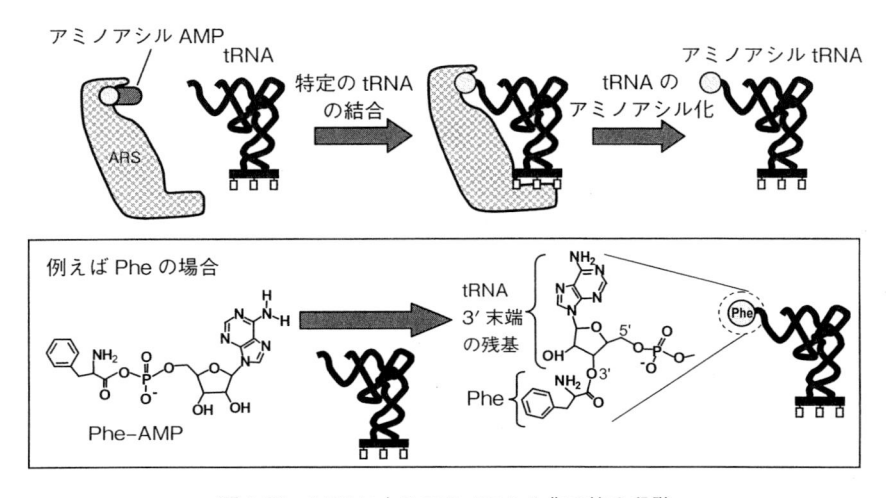

24　第1章　アミノ酸から蛋白質，遺伝子から蛋白質

図1.20　ARSによるアミノアシル化の第2段階

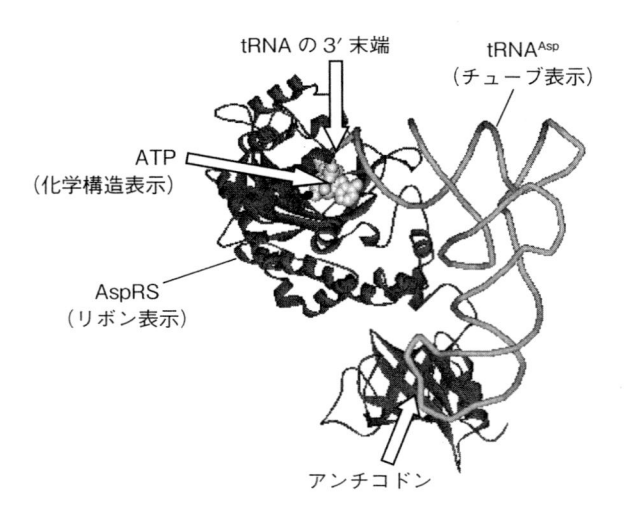

図1.21　AspRS・tRNA^{Asp}・ATPの複合体のX線結晶解析図（PDB ID：1ASZ）

　いくつかのARSの反応機構は，tRNAとの複合体のX線結晶解析から推定されている．図1.21は，酵母における，アスパラギン酸用のtRNA（tRNA^{Asp}）と対応するARS（AspRS）の複合体の構造である．AspRSはtRNA

のアンチコドンを識別する一方，tRNA の 3′ 末端付近とも結合し，その近くに ATP が結合していることがわかる．この構造から，tRNA の 3′ 末端において，ATP を介してアミノアシル化反応が起こることが想像できる．

2) アミノアシル tRNA のリボソームへの運搬とペプチド結合の形成，およびトランスロケーション

アミノ酸を結合した tRNA（アミノアシル tRNA）は，伸長因子 Tu（EF-Tu，真核生物では eEF-1A と呼ばれる）と結合し，蛋白質合成中のリボソームへ運ばれる．リボソームに運ばれるためには EF-Tu との結合が必要である．EF-Tu は，（開始コドンに対応する tRNA を除いて）どんなアミノアシル tRNA にも対応し，すべてのアミノアシル tRNA をリボソームに運ぶ．

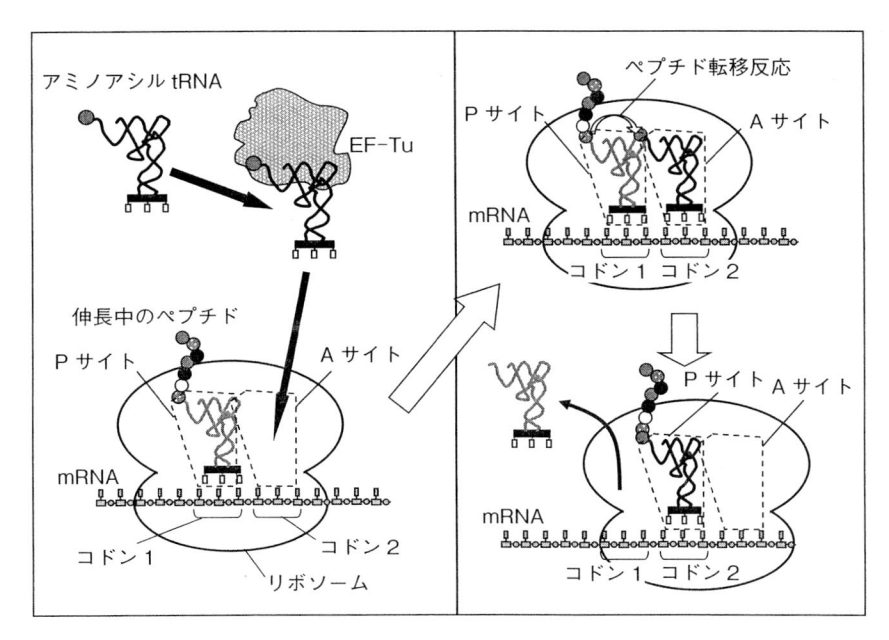

図 1.22 （左）EF-Tu によりアミノアシル tRNA がリボソーム A サイトに入るところ．（右）A サイトのアミノアシル tRNA に伸長中のペプチドが転移し，ペプチジル tRNA となり，その後 P サイトに移動するところ．

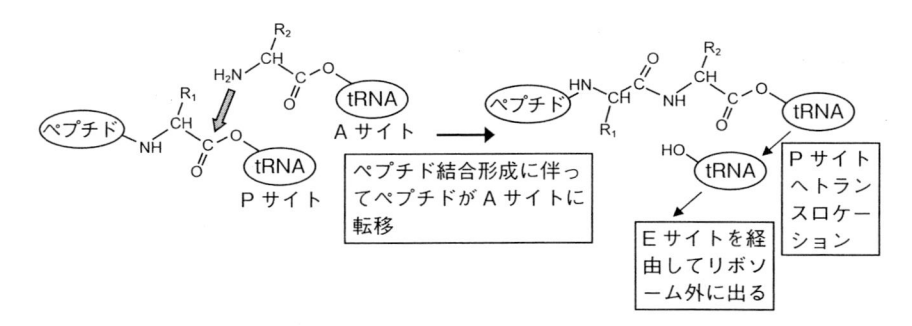

図1.23 リボソーム内で起こるペプチド結合形成反応

　アミノアシルtRNAはEF-Tuと結合することにより，リボソームAサイト内へ運ばれ，mRNAのコドンと対合する（図1.22）．Pサイト内には合成途中のペプチドが付いたtRNA（ペプチジルtRNA）が結合している．AサイトのtRNAに結合したアミノ酸のアミノ基は，PサイトのtRNAに付いたペプチドのC末端のエステル結合に近接しており，そのためペプチド結合が形成される（図1.23）．その結果1アミノ酸残基だけ延長したペプチドはAサイトのtRNAに結合し，PサイトのtRNAは遊離のtRNAになる．

　次いで，ペプチジルtRNAとなったAサイトのtRNAはPサイトに移動する（この過程はトランスロケーションと呼ばれ，EF-Gという伸長因子を必要とする）．また先ほどまでペプチジルtRNAだったPサイトのtRNAは，Pサイトから押し出され，Eサイト（図には示していない）を経由してリボソームの外に出る．このtRNAは，またアミノアシル化されて再利用される．

　以上が，tRNAがアミノ酸を受け取り，リボソーム内で伸長中のペプチドに結合させ，リボソームから出てくるまでの過程である．

　ここで，tRNAとmRNA，すなわち，アンチコドンとコドンの対応関係について考えてみる．DNAにおいては，A–T，G–Cの塩基対（ワトソン–クリック塩基対）で二本鎖DNAが成り立っているし，RNAにおいても二本鎖部分は基本的にA–UおよびG–C塩基対で成り立っている（図1.24）．

図 1.24　RNA におけるワトソン−クリック塩基対

ワトソン−クリック塩基対が絶対的なものとすると，一つのアンチコドンが対合可能なコドンは 1 種類のはずである．そうだとするとコドンの種類の数だけ tRNA の種類が存在するはずであるが，一つの翻訳系に存在する tRNA の種類は，コドンの種類（終止コドン以外で 61 種類）より少ない場合も多い．したがって，アンチコドンとコドンは 1 対 1 対応ではなく，一つのアンチコドンが複数のコドンに対応することになる．

　これを説明する一般的な法則が，wobble 則（wobble は"ゆらぎ"の意）である．コドンの 3 文字目とアンチコドン 1 文字目の対合はワトソン−クリックの提唱した塩基対でなくてもよく，図 1.25 のような組み合わせが許される．ここで登場する G−U のような対合を wobble 塩基対という．なお，wobble 塩基対はアンチコドン 1 字目とコドン 3 字目においてのみ可能であり，アンチコドン 2 字目−コドン 2 字目や，アンチコドン 3 字目−コドン 1 字目にお

アンチコドン 1 字目	コドン 3 字目
G	C, U
U	A, G
A	U
C	G

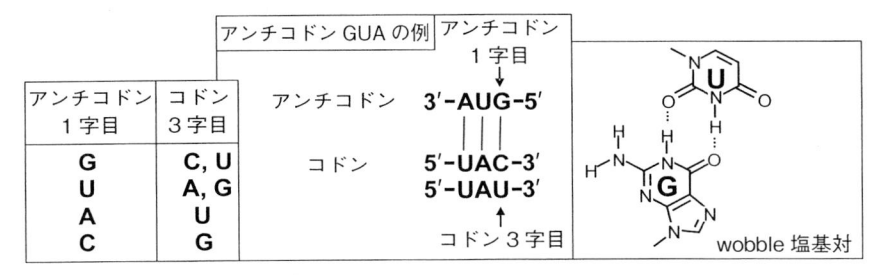

図 1.25　（左）コドン（mRNA）とアンチコドン（tRNA）の対合ルール「wobble 則」．（中央）アンチコドン GUA の場合に，対合するコドン．（右）wobble 塩基対．

アンチコドン1字目	コドン3字目
G ⇒ I (イノシン)	C, U, A
U ⇒ mo^{5}U (5-メトキシウリジン)	A, G, U
C ⇒ f^{5}C (5-ホルミルシチジン)	G, A

図 1.26　修飾塩基を含む wobble 則の例
矢印の左側は修飾を受ける前の塩基を示す（例えば，f^{5}C は C が修飾を受けたものである）．

いてはワトソン－クリック塩基対しか許されない．

　実は，これだけではない．tRNA のアンチコドン1字目は，かなりの割合で修飾を受けている．すなわち，修飾塩基による独特な wobble 塩基対が可能になっている．例えば，図 1.26 のような修飾塩基による wobble 塩基対の組み合わせが可能である．修飾塩基によるコドン－アンチコドン対合の制御は非常に重要で，アンチコドン修飾異常が筋疾患や難聴などの病気を引き起こす例も知られている．

　上で tRNA を中心として述べた話は，以下に述べる翻訳の3過程（開始，伸長，終結）のうち，伸長過程のみの話である．そこで次に，翻訳全体を見渡すため，mRNA に沿って翻訳の進む様子を原核生物の場合について述べる．

　まず，原核生物の mRNA の仕組みを図 1.27 に示す．リボソームの結合位

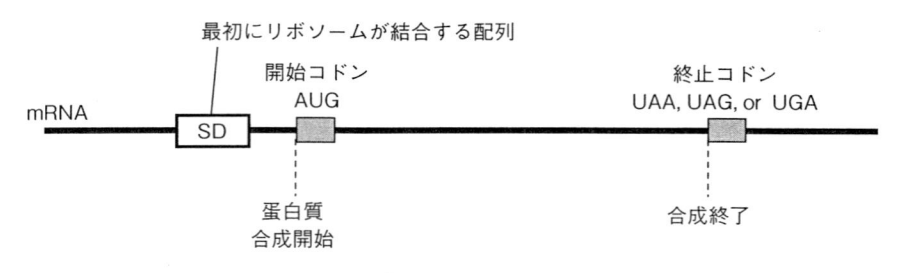

図 1.27　原核生物の mRNA の仕組み

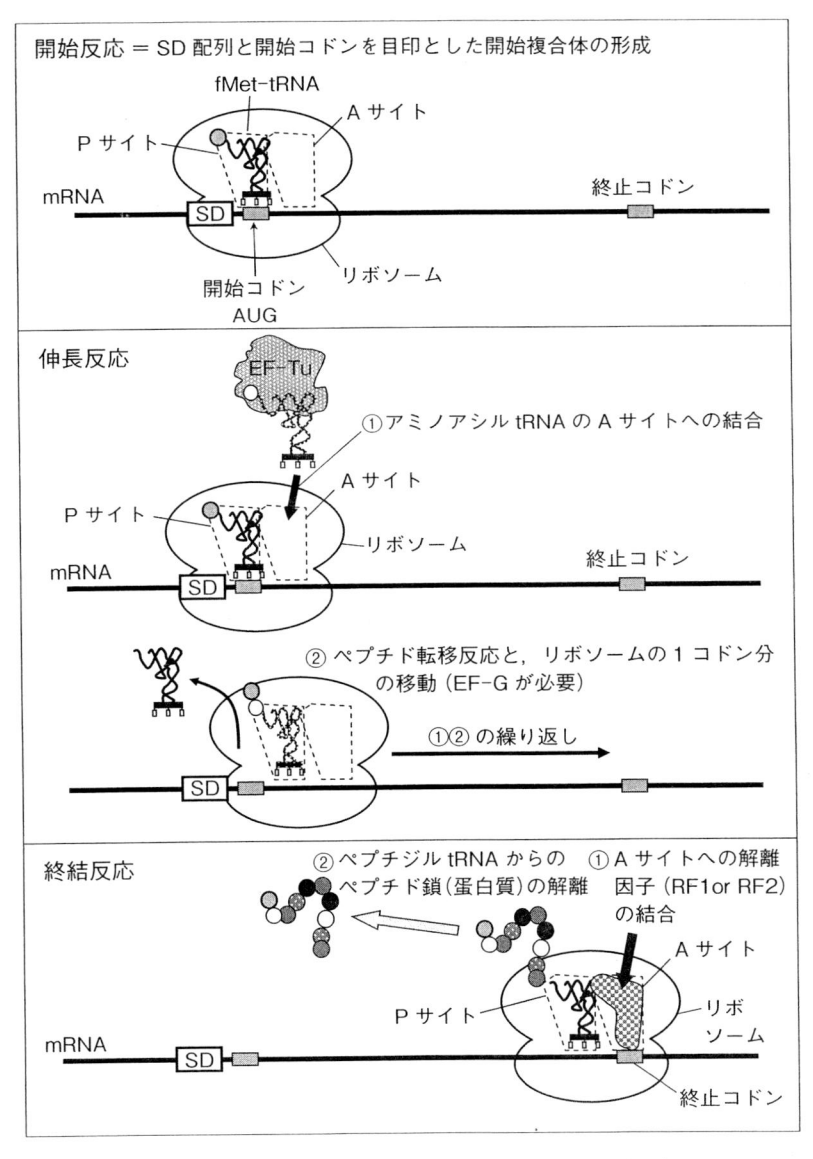

図1.28 原核生物における翻訳の開始・伸長・終結過程
伸長過程は図1.22も参照.

置は，SD（シャイン・ダルガノ）配列と呼ばれる短い領域によって指定される．SD配列は，5′-AGGAGG-3′かそれに似た配列である．最初の（アミノ（N）末端の）アミノ酸であるホルミルメチオニン（fMet；N-ホルミル化修飾を受けたメチオニン）はSD配列の少し下流にあるAUGで指定される．翻訳の終了はUAA, UAG, UGAの3種類の終止コドンで指定される．

　翻訳の開始は以下の過程を経る（図1.28上）．（1）まずSD配列に相補的な配列をもつリボソームの小サブユニット（図のリボソームの下半分）がSD配列に結合する．（2）次にAUGにホルミルメチオニルtRNA（開始コドンに特異的に結合するアミノアシルtRNA）が結合する．（3）このmRNA・リボソーム小サブユニット・ホルミルメチオニルtRNAの複合体にリボソームの大サブユニットが結合してリボソームの全体構造が形成される．（4）リボソームのAサイトに2番目のアミノ酸を担持したtRNAが結合して翻訳が開始される．

　そして伸長過程に進む．そこで，EF-TuやEF-Gの助けを借りて，リボソーム中でアミノ酸がmRNA上のコドンに従って順次つながれていく（図1.28中）．図1.22で説明したので詳細は省く．

　翻訳の終結は以下の過程を経る（図1.28下）．（1）Aサイトに終止コドンの一つが現れる．（2）するとアミノアシルtRNAの代わりに解離因子（RF1またはRF2）と呼ばれる蛋白質が結合する．（3）リボソームが蛋白質を放出しmRNAからも離れ，翻訳が終了する．

　なお，ここまで原核生物のmRNAをもとにして話を進めてきたが，真核生物ではmRNAの仕組みも翻訳機構も少し異なっている．真核生物のmRNAの特徴は，5′末端にキャップ構造（図1.10参照）と呼ばれる特殊な構造が付いておりSD配列がないことである．リボソームはmRNAのキャップ構造を認識して結合する．また，翻訳に必要な因子の構造や名称が若干異なる．しかし大筋ではほぼ同じだと考えてよい．

　ここで原核生物と真核生物に共通な話にもどり，実際にmRNAの上でど

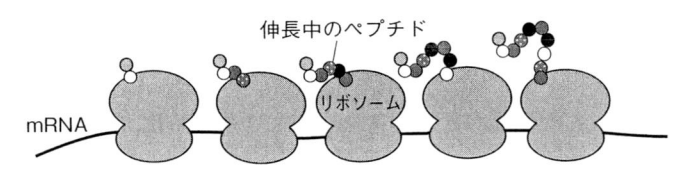

図 1.29 ポリソームの構造

のように翻訳が起きているかを考えてみよう．1本の mRNA には多数のリボソームが結合する場合が多く，同時進行的に多数のポリペプチド鎖が合成される．多数のリボソームが付いた mRNA のことをポリソームと呼び，電子顕微鏡では図 1.29 のような構造が観察されている．

　DNA から mRNA への転写や RNA から蛋白質への翻訳はすべての生物にほぼ共通の機構に従っている．すべての生物に共通であることを強調する意味で，転写，翻訳機構全体をセントラルドグマと呼んでいる（図 1.17 参照）．

1.5.3　翻訳後のプロセシング

　翻訳直後の蛋白質はそのままでは不活性な場合もあり，種々の修飾や加工を受けて成熟型になる．例えば余分な配列が付いているために不活性な前駆体は，ペプチド結合の限定分解（余分な配列と必要な配列の境目での分解）を受けることにより活性な蛋白質に成熟する．また，ペプチド結合の限定分解により，N 末端のメチオニン残基やシグナルペプチドなどが取り除かれることも多い．N 末端シグナルペプチドとは，核やミトコンドリアなど細胞小器官に特異的に運ばれる際の目印となるものであり，その小器官の中に入ってしまったら不要になるので取り除かれる場合が多いのである．システインの SH 基同士を結びつけるジスルフィド（S−S）結合の形成も多くの例が知られている．またヘモグロビンがヘムとの結合が必要であるように，補酵素や金属イオンなどが付加して初めて一人前になる蛋白質もある．

　翻訳後の蛋白質では，様々なアミノ酸側鎖修飾が知られている．これらは，

蛋白質の成熟化の意味をもつ場合もあるし，修飾基の付加と脱離が可逆的で蛋白質の活性のスイッチングに用いられる場合もある．翻訳後修飾の例として，リン酸化，メチル化，アセチル化，ヒドロキシル化，糖鎖の付加，Gluのカルボキシル化などがある．特に，セリン，チロシンなどの OH 基のリン酸化は蛋白質の活性のオン・オフ制御に関わることが多く，リン酸化修飾の有無により，同一の転写因子が転写を促進したり抑制したりする例も知られている．

1.5.4 蛋白質生合成系の利用

1.5.3 項までは，蛋白質がどのようにしてできるかについて述べてきた．ここでは，翻訳系の成分を利用して生体外で蛋白質合成をしたり，生物の中に人工的に蛋白質遺伝子を導入して生体内で蛋白質合成したりすることについて述べる．

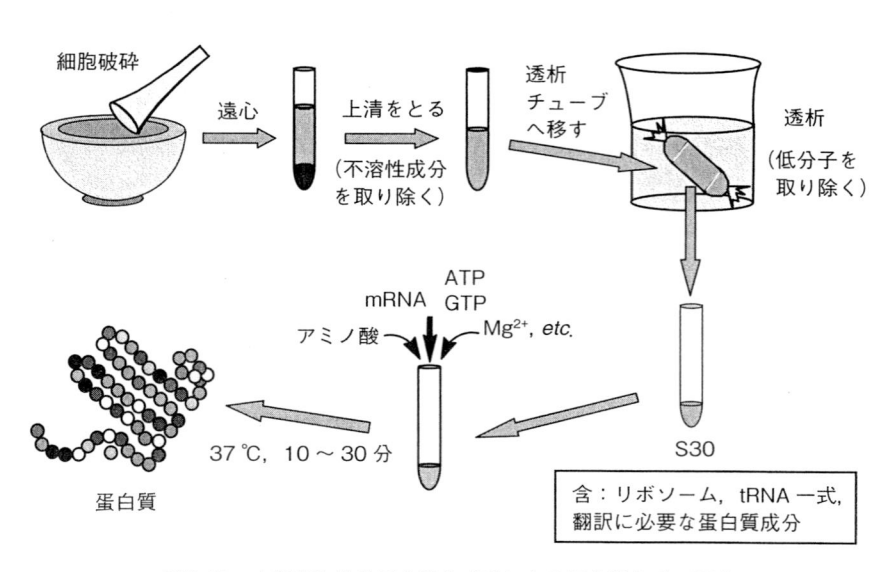

図 1.30 大腸菌生体外蛋白質合成系による蛋白質合成の概略

1）生体外蛋白質合成系

細胞の中の蛋白質生合成に関与する成分を取り出して，試験管内で蛋白質合成するシステムを生体外蛋白質合成系（*in vitro* 翻訳系あるいは無細胞蛋白質合成系）と呼ぶ．このようなシステムは，① 細胞を用いた蛋白質合成より蛋白質を得るまでの時間が短い，② 翻訳機構の解析に向いている，③ 非天然アミノ酸や標識アミノ酸の導入（これについては第4章で述べる）に向いている，などの利点があり，研究上よく利用される．ただし，ほとんどの翻訳後修飾が起こらないこと，また大量の蛋白質合成に向いていないなどの欠点もある．

生体外蛋白質合成系の材料として，よく用いられるのが大腸菌である．図1.30に大腸菌での実験の流れを示す．まず，大腸菌を破砕し，そのなかの蛋白質生合成に関与する成分（リボソーム，種々のtRNA，および種々の酵素類）を取り出す．この細胞画分は，大腸菌においては，それを作製するときの遠心条件からS30と呼ばれている．S30に図1.30に示すような成分を加え，37℃で10〜30分ほどインキュベートすると目的の蛋白質ができあがる．

生体外合成系は，大腸菌のものだけが使われるわけではない．現在一般的に用いられており，商業的に市販もされている系は，大腸菌の系（原核生物），コムギ胚芽の系（植物），昆虫の系（動物），ウサギ網状赤血球の系（動物）などである．これらは，得意不得意があり，例えば大腸菌の系で合成できなかった蛋白質がコムギの系ではよくできるということもある．それは，それぞれの蛋白質が原核生物，動物，植物と，まったく異なる生物由来だからだと思われる．

生体外合成系は，上記のようにmRNAを加えて翻訳を行うシステムだけでなく，DNAを加えて転写と翻訳を同時に行うシステム（転写・翻訳カップル系）も用いられる場合がある．このシステムは単に蛋白質の生産という意味では，mRNAの調製の手間が省けるため便利である．一方で，翻訳系の解析やmRNA量を揃えて翻訳量を比較したい場合などには向いていない．

また最近，翻訳に必要な因子だけを精製して混ぜ合わせた生体外合成系

（PURE system）が開発され（上田ら，2001），市販されている．これは翻訳と関係のない成分が完全に除かれていることから，翻訳系の詳細な解析に向いている．

2）大腸菌内での翻訳

1）では細胞外での蛋白質合成について述べたが，細胞内で人工的に蛋白質を合成することも可能である．細胞としては酵母を用いることもあるが，大腸菌を用いる方法が最も一般的で大量調製に向いている．この方法では蛋白質の遺伝子を含むプラスミドをまず大腸菌に導入する．なお，プラスミドとは細胞内で複製される染色体以外のDNA分子のことで，通常，数千塩基対（bp）の環状二本鎖DNAのものを用いる．このプラスミド内には，2.1節で説明する方法で，好きな遺伝子を組み込むことができる．さらにその遺伝子が大腸菌内で転写されるための配列（プロモーターなど）や翻訳されるための配列（SD配列など）を含めておけば，プラスミドの大腸菌内への導入により菌内でmRNAが合成され，そのmRNAをもとに蛋白質が合成される．目的の蛋白質には，次章で述べるように，Hisタグを付ける場合が多い．このHisタグを特異的に吸着するニッケル固定化カラムを用いて，目的蛋白質を精製することができる．

大腸菌の中で蛋白質合成する際，まず転写によりmRNAが合成される必要があるが，その際，（1）大腸菌RNAポリメラーゼ用のプロモーター，ターミネーター配列を使って大腸菌内のポリメラーゼで転写させる方法と，（2）T7 RNAポリメラーゼ用のプロモーター，ターミネーター配列を使って，T7 RNAポリメラーゼに転写させる方法とがある．後者の場合T7 RNAポリメラーゼを産生するように細工した大腸菌を使用する．このような複雑なシステムを使う理由の一つは，T7 RNAポリメラーゼを使うとmRNAが比較的高発現することにある．T7 RNAポリメラーゼを発現する大腸菌には，たいてい図1.31のようなシステムが組まれている．このシステムはラクトースオペロンの仕組みを改変したものであり（図1.9参照），蛋白質生合成を

1.5 蛋白質の生合成

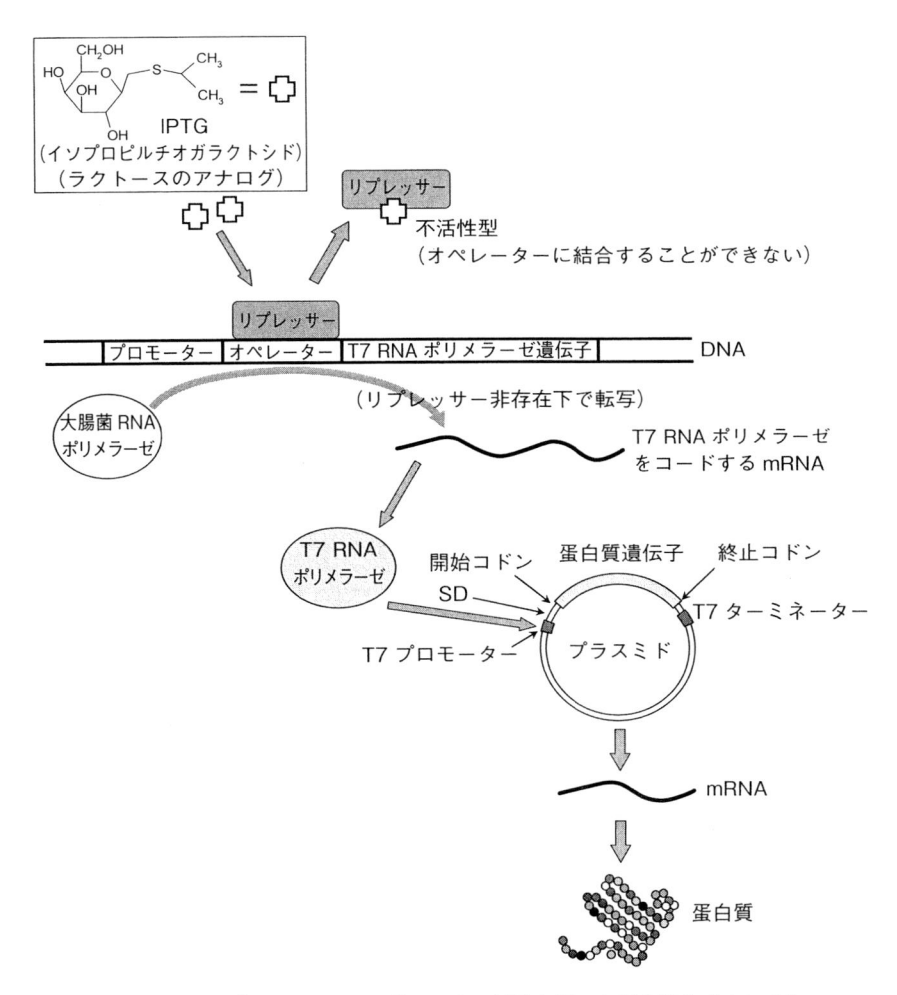

図1.31 大腸菌でのT7 RNAポリメラーゼ系を用いた蛋白質合成のしくみ

IPTG（イソプロピルチオガラクトシド；ラクトースのアナログ）で誘導することができる．このシステムでは，蛋白質生合成の量や時期をIPTG濃度で調節できるため，大腸菌の増殖を阻害するような蛋白質を生産する場合，かなり菌が増殖した後に蛋白質合成を開始させたり，その合成量を少なくした

多糖類，糖脂質，糖蛋白質

本章では生体分子として蛋白質と核酸のみを扱ったが，生体分子のなかで，蛋白質や核酸とならんで重要なのが糖鎖である．糖鎖は文字通りグルコースやフルクトースなどの単糖がつながった分子である．単糖には3～4個程度のOH基があり，それらがヘミアセタール結合（グリコシド結合）で互いにつながるので（結合部位が多いので），非常に多くの種類のものが存在しうる．例えば，ラクトースやスクロースなどの二糖，グルコースが鎖状に連なった糖のポリマーであるグリコーゲン（エネルギー源の貯蔵物質）などのほか，生体内で重要なはたらきをする複合糖質（糖以外の生体分子に糖鎖の付いたもの）も多く存在する．例えば，脂質に糖鎖が付いたものは糖脂質，蛋白質に糖鎖が付いたものは糖蛋白質と呼ばれている．糖蛋白質は，蛋白質がリボソームで合成された後，翻訳後修飾により酵素的に糖鎖が付加することによって合成される．糖蛋白質における糖の部分は比較的短い（糖の数は1～20個のものが多い）が，細胞表面での分子認識などにおいて大きな役割を果たしている．

糖鎖の例：β-1-4 結合した D-グルコピラノース

演習問題

[1] 転写の開始と終了を指示するDNA配列は，それぞれ何と呼ばれるか．
[2] tRNAにアミノ酸を結合させる酵素は何と呼ばれるか．この酵素は2段階でこの反応を触媒するが，各段階で起こることを述べよ．

[3] 1種類のアンチコドンが複数種のコドンと対合可能な場合があるが，このときの法則を何というか．また，この法則に従うと，アンチコドン UUG (5′-GUU-3′) はどのようなコドンと対合可能か．

[4] 大腸菌の抽出物を用いた生体外翻訳系（mRNA からの翻訳）で蛋白質を合成する際，必要となる主な成分をあげよ．

[5] 蛋白質を合成する際に生体外翻訳系を用いる方法と大腸菌を用いる方法がある（1.5.4 項参照）が，大量合成には後者の方法が向いている．これはなぜか考えよ．

第2章　分子生物学で用いる基本技術
―分子生物学の技法を使いこなす―

　本章では分子生物学で日常的に用いる手法について解説する．2.1節で遺伝子の操作（組換え，増幅，配列解析，ゲル電気泳動），2.2節で蛋白質に関する操作（組換え大腸菌を用いた合成，Hisタグ精製，ゲル電気泳動），2.3節で培養細胞に関する操作（培養，細胞数測定，核酸の細胞内導入など）について，それぞれ述べる．これらは分子生物学研究の基本技術であると共に，近年の生化学研究や細胞生物学研究にも欠かせない手段である．

2.1　遺伝子の操作

　遺伝子の操作といっても様々な目的があるが，基本操作はある程度同じである．ここでは，大腸菌において組換え蛋白質を生産するためのプラスミドの作製を例として，これらの操作を説明する．

2.1.1　大腸菌での蛋白質合成のためのプラスミド作製

　第1章で述べたように，DNAの塩基配列は蛋白質のアミノ酸配列を決定している．そこで，もし人為的に大腸菌のもつDNAの塩基配列を変化させることができれば，天然には存在しなかったアミノ酸配列をもつ蛋白質が作製されることになる．ただし大腸菌といえども，その生存に関係する遺伝子を人工蛋白質の遺伝子に取り替えてしまうと生存できない可能性が高い．そこで人工蛋白質を作製する際には，大腸菌細胞内の染色体DNAにまったく影響を与えずに，人工蛋白質をコードするDNAを細胞内に導入する．この

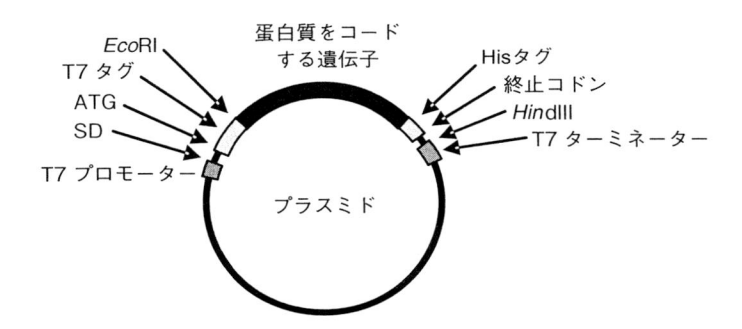

図 2.1 プラスミドとその上の各機能単位の配置
二本鎖 DNA を 1 本の線で示してある．

とき通常，環状二本鎖 DNA 型のプラスミドを用いる．プラスミドとは，細胞内で複製され娘細胞に引き継がれる染色体以外の DNA の総称である．大腸菌用のプラスミドの中に人工蛋白質をコードしておき，大腸菌内に導入すれば，菌内で人工蛋白質を合成させることができる．例として，著者がよく用いているプラスミドの構造を図 2.1 に示す．

このプラスミド中には，（1）RNA ポリメラーゼによる転写開始を指定するプロモーター配列(T7 プロモーター)，（2）リボソームが最初に結合するSD 配列，（3）開始コドン（ATG）から始まり終止コドンで終わる蛋白質をコードする配列，および（4）転写の終了を指定するターミネーター（T7 ターミネーター）配列が，この順序で並んでいる．また種々の蛋白質をコードする DNA が容易に導入できるように，制限酵素（*Eco*RI, *Hin*dIII）で切断できる配列が挿入されている．

さらに生成蛋白質の抗体による確認のため T7 タグ配列（Met-Ala-Ser-Met-Thr-Gly-Gly-Gln-Gln-Met-Gly-Thr）を N 末端に付けている．T7 タグは抗 T7 タグ抗体と特異的に結合するので，作製された蛋白質の量を見積もるのに都合がよい．また C 末端には His タグ配列(His が 6 個連続する配列)が付けられている．His タグは Ni^{2+} や Co^{2+} を固定化したカラムに特異的に

結合するので，末端まで合成された蛋白質だけを釣り上げて，精製するのに有用である．

2.1.2 プラスミドへの DNA の導入（DNA の切断および連結）

プラスミドの蛋白質をコードする部分に変異を導入するには，まず蛋白質をコードする部分の両端を特定の制限酵素で切断する．そして同じ制限酵素で切断した（同じ切断面をもつ）導入 DNA を混合し，それらをリガーゼで結合することによって，当該部分の DNA を入れ替えるのである（図 2.2）．

DNA の切断を行う制限酵素は，多くの場合 4〜6 塩基対の回文配列を切断する．例えば図 2.3 に示される *Eco*RI の切断サイト GAATTC は，180°回転しても同じ GAATTC 配列の二本鎖構造である．*Hin*dIII の切断サイトは AAGCTT であり，これを 180°回転しても AAGCTT である．これらを回文配列という．これらの制限酵素は回文配列の内部で DNA を切断し，切断部

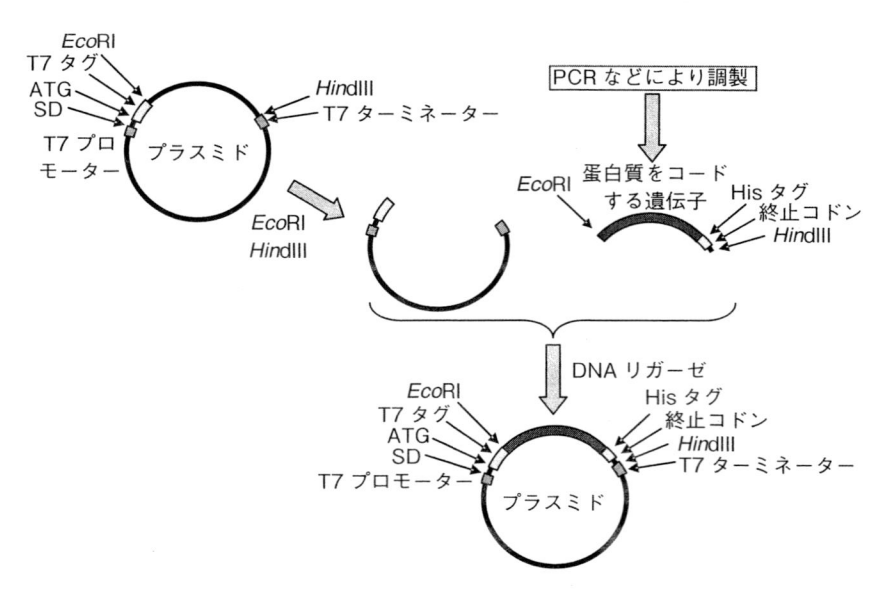

図 2.2　プラスミドへの外来遺伝子の導入

2.1 遺伝子の操作

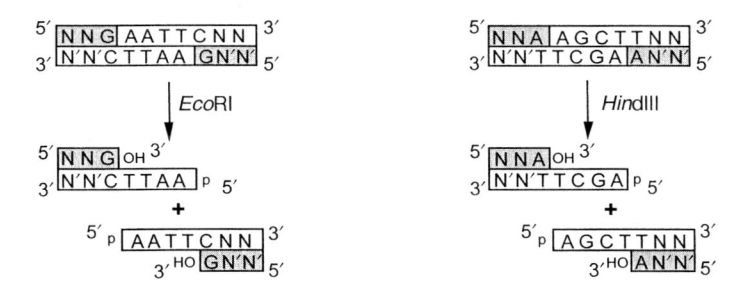

```
5′ NNG|AATTCNN 3′        5′ NNA|AGCTTNN 3′
3′ N'N'CTTAA|GN'N' 5′    3′ N'N'TTCGA|AN'N' 5′
         │ EcoRI                  │ HindIII
         ▼                        ▼
5′ NNG OH 3′             5′ NNA OH 3′
3′ N'N'CTTAA p 5′        3′ N'N'TTCGA p 5′
         +                        +
5′ p AATTCNN 3′          5′ p AGCTTNN 3′
3′ HO GN'N' 5′           3′ HO AN'N' 5′
```

図 2.3　*Eco*RI および *Hind*III による DNA の配列特異的切断

例えば *Eco*RI は 5′-GAATTC-3′ という配列を認識し，その両端の配列（N および N′）は何でもよい．OH および p は，5′末端と 3′末端の形状（OH：水酸基，p：リン酸基）を示す．

位の 5′末端が 4 塩基分突出している（これを突出末端という）．また 5′末端にリン酸基が残っているが 3′末端にはリン酸基がない．図 2.3 に示した 2 種の制限酵素以外にも種々のものがあり，酵素が認識する配列の外部でDNA を切断するものや，3′の突出末端を生じるもの，あるいは平滑末端を生じるものなどが知られている．

二本鎖 DNA の連結は，DNA リガーゼという酵素を用いることにより行う．DNA リガーゼは，同じ末端構造同士でないと連結させることができない．すなわち，突出末端同士の連結においては，突出している部分同士が相補的でなくてはならない．また，5′末端にはリン酸が付いており 3′末端には付いていない状態でなければ連結反応が起こらない（**図 2.4 上**）．このことを利用し，同じ制限酵素による切断面をもつものだけを連結することによって，プラスミド中に望みの遺伝子を導入することができる（図 2.2）．

DNA 間の結合反応（ライゲーション）について，さらに詳しく説明する．ライゲーションには末端構造がきわめて重要であることは説明した．末端構造を細工するためには，ポリヌクレオチドキナーゼやアルカリホスファターゼ（bacterial alkaline phosphatase；BAP）などの酵素を用いることができる．これらの酵素は，プラスミドへ遺伝子を組み込む際によく用いる酵素である

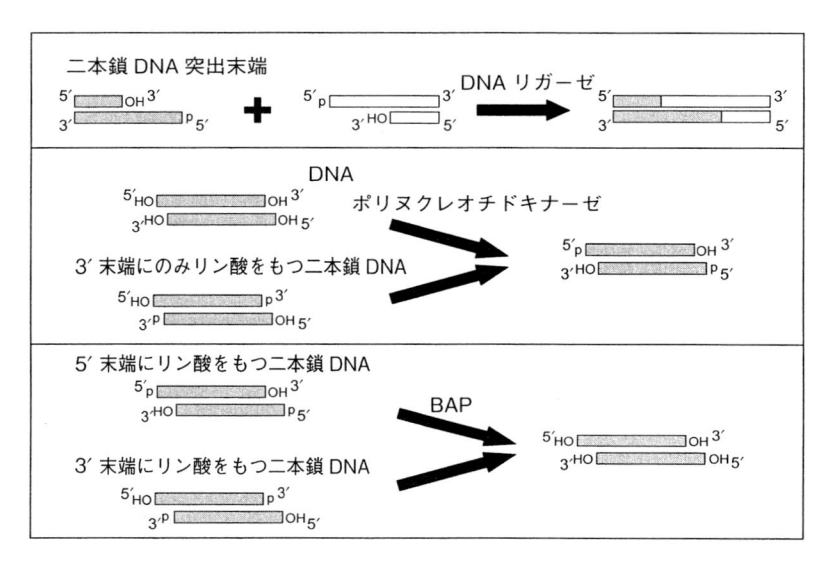

図 2.4 DNA リガーゼ,ポリヌクレオチドキナーゼ,BAP による反応
末端リン酸基を p として示す.OH と書かれた末端は水酸基末端である.

ため,ここで説明する.これらの酵素は DNA と RNA のどちらに対しても反応を行うが,ここでは DNA の話にしぼる.ポリヌクレオチドキナーゼは,DNA の 5′ 末端をリン酸化し,3′ 末端にリン酸がついている場合はその脱リン酸化も行う(**図 2.4 中段**).5′ 末端にリン酸がなかったり,3′ 末端にリン酸が付いていたりすると,相補的な突出末端同士でも DNA リガーゼによる連結反応は起こらない.これらの場合,ポリヌクレオチドキナーゼにより処理すると連結反応が可能になるわけである.例えば,図 2.2 における外来遺伝子として合成 DNA を用いたとすると,合成 DNA の両端にはリン酸基が付いていないので,プラスミドの切断物と連結する前にポリヌクレオチドキナーゼによる処理が必要である.BAP(あるいは CIAP と呼ばれる酵素も同様に用いられる)は DNA の 5′ および 3′ 末端のリン酸基を外す反応を触媒する(**図 2.4 下**).これらを利用すると望ましくない連結反応を防ぐことがで

きる.

2.1.3 PCR法によるDNAの増幅と点変異の導入

図2.2においてプラスミドに組み込む蛋白質の遺伝子は，様々な生物由来のものを用いることができる．もちろん生物由来ではなく人工的に設計した配列でもよい．ここでは，生物由来の蛋白質遺伝子の調製について考える．蛋白質をコードする配列は，原核生物の場合はその生物から抽出したDNA（すなわち，その生物の遺伝情報をすべてコードしている「ゲノムDNA」）に含まれている．真核生物では，ゲノム上の蛋白質遺伝子には，ほとんどの場合イントロン（余分な配列）が含まれている．完成したmRNAを逆転写して得たDNA（cDNA）はイントロンを含まないので，これを蛋白質遺伝子として用いる．しかし，原核生物のゲノムDNAにせよ真核生物のcDNAにせよ，最初に入手できる量はほとんどの場合極微量である．したがって，組換え操作に必要なDNA量を得るため，極微量のDNAを増やすことが必要である．

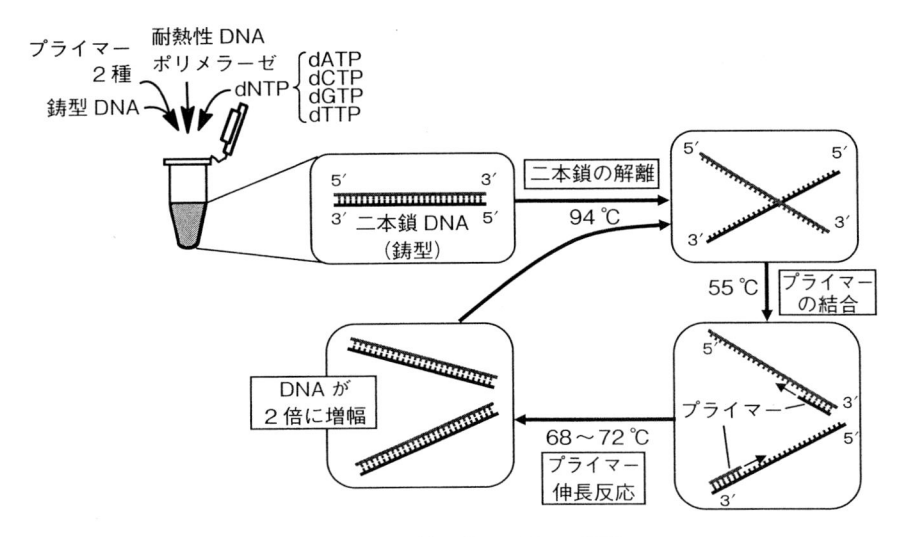

図2.5 PCR法によるDNAの増幅

これを可能にしたのが，PCR（polymerase chain reaction；ポリメラーゼ連鎖反応）法である．

PCR法の原理を説明する（図2.5）．まず鋳型となる二本鎖DNA，その一部と相補的な配列をもつプライマー（塩基数20程度の合成一本鎖DNA），および耐熱性DNAポリメラーゼ，dNTPの混合液を用意する．最初は高温（94〜96℃）で二本鎖DNAを解離させ一本鎖の状態にする．次に温度を下げて，一本鎖となった鋳型DNAにプライマーを結合させる．このための適切な温度はプライマーの長さや配列によって変わるが，図2.5では55℃である．次にDNAポリメラーゼの反応温度（68〜72℃）にするとプライマー伸長反応が起こりDNAが複製される．この1サイクルによって，原理的にはDNAの本数は倍になる．そして再びこのサイクルを繰り返すとDNAの本数はさらに倍になる．この温度サイクルはPCR装置に条件をインプットするだけで自動的に行われる．理論上では，1サイクルごとにDNAの数が倍増するので，20回繰り返すと2の20乗＝約100万倍に増えることになる．PCR法が開発されて極微量のDNAを増幅して解析することが可能になった．PCR法は生化学研究のみならず犯罪捜査や古代生物の研究などにも使用さ

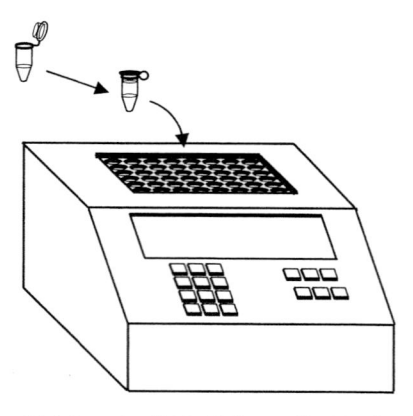

図2.6　PCR装置（実際には蓋がある）

れている．

　PCRでは次々と温度を変化させる必要があるが，これを手動で行うと大変である．PCR装置（図2.6）で温度プログラムを設定すれば，これを自動で行うことができる．すなわち実際にはチューブ内に試薬を混ぜて，PCR装置にそのチューブを置き，プログラムをスタートさせるだけである．

　PCR法で用いる一方のプライマーの5′末端に，鋳型とハイブリダイズしない余分の配列を付けておくと，PCRにより増幅されたDNAの末端に，その余分な配列が付加される．この方法により，PCRで外来遺伝子を増幅すると同時に，その両端に制限酵素サイト（図2.2の例では*Eco*RIと*Hind*III）を付加することが可能である．

　PCR法はプラスミドDNAへの変異の導入にも用いられている．プライマーとして完全な相補対ではなく1ヶ所あるいは数ヶ所に変異を導入したものを用いると，その部分の塩基配列が変化した変異体を作製することができる

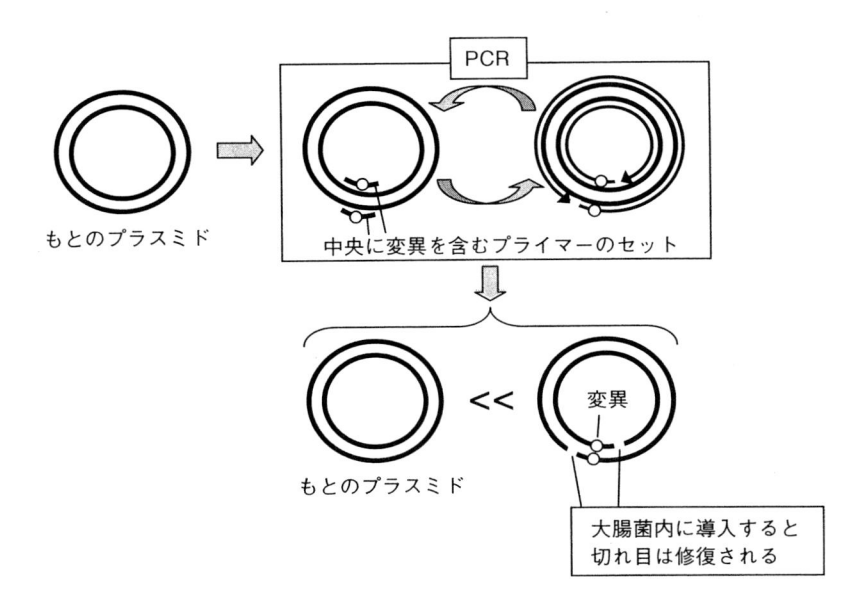

図2.7　PCR法による点変異の導入

（図2.7）．通常のPCRとは少々異なる部分もあるが，基本的な操作は同じである．この方法では，プラスミドDNAのどこか1ヶ所に変異を入れたい場合，変異部分を含むプライマーのセット，プラスミド，耐熱性DNAポリメラーゼ，dNTPを混ぜ合わせて温度サイクルを繰り返す．すると図2.7の右上に示すように環状DNAのそれぞれの鎖にプライマーが張り付き，環に沿ってプライマー伸長反応が起こる．プラスミドを一周したところでDNA鎖の末端に突き当たって伸長が止まる．そこでできるものは，図2.7の右下に示すような，変異を含むプラスミド（ただし，用いた二つのプライマーの5′末端側はつながっていない）である．PCR後にもとのプラスミドは残っているが，温度サイクルを繰り返した後ならば，変異を含むものの方がはるかに多いはずである．また，詳しい説明は省くが，もとのプラスミドを特異的に分解することにより，変異を含むプラスミドを選択的に残すことができる．温度サイクルのあと反応物を大腸菌内に導入すると，変異を含むプラスミドの切れ目部分は大腸菌内の酵素で修復される．このようにして，PCR法に基づいて非常に簡単にプラスミドDNAの変異体を作製することができる．

2.1.4　DNA化学合成法

DNAの化学合成は，分子生物学には必要不可欠で，上述のようにPCRを行うときにも合成DNAのプライマー（20塩基程度）が必要であるし，後述するDNA配列決定（シーケンス）にもDNAプライマーが必要である．合成DNAは，プライマー以外にも，5.2.1項で述べるアンチセンスなどの用途や，DNA自身の機能や構造を調べる際にも用いられる．

核酸の化学合成については第3章で詳しく説明するが，現在では自動合成装置に試薬を取り付け，配列をインプットするだけで合成できるようになっている．必要な配列を注文すると受注生産する商業システムができており，現在では一般の研究室では合成せず外部発注する場合が多い．

2.1.5 DNAのゲル電気泳動

PCRにより目的のDNAができたか，制限酵素でプラスミドをうまく切断できたかなど，DNAの大まかな鎖長を確認するためにDNAのゲル電気泳動を行う．ゲル中のDNAに電場を印加すると，リン酸部分に負電荷をもつDNA（図1.1参照）は正極の方に引き寄せられる．このとき，鎖長の長いDNAは流れにくく，短いDNAは流れやすい．したがって，分子量のわかっているDNAをマーカーとして共に泳動すると，目的のDNAの分子量を確認することができる（図2.8）．なお，RNAの場合も同様に電気泳動で鎖長確認が可能である．

ゲルの種類および濃度は，泳動したいDNAの長さに応じて決める．短いDNA，例えばDNAプライマーなどの場合，ポリアクリルアミドゲルを用いて電気泳動する．長いDNA，例えばプラスミドや蛋白質遺伝子などの場合，通常アガロースゲルを用いる．さらにゲルの種類が同じでも，濃度の高いゲルは鎖長の短いDNAに適しており，濃度の低いゲルは鎖長の長いDNAに適している．ポリアクリルアミドゲルは5％から20％（W/V）くらい，アガロースゲルは0.8％から3.5％くらいの範囲で用いられることが多い．ゲ

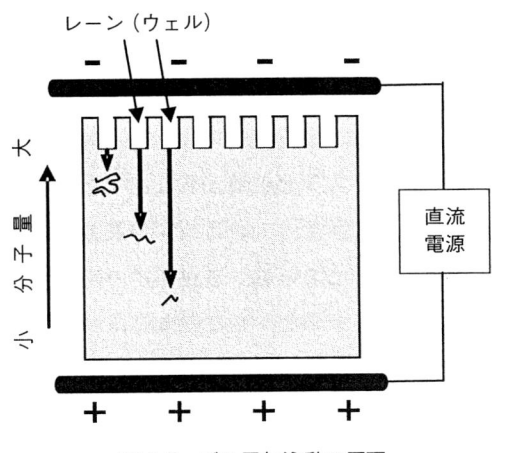

図2.8　ゲル電気泳動の原理

ルを適当に選択すればこの方法の分子量解像度はかなり高くなる．ゲル中のDNAはエチジウムブロミドなどの蛍光試薬により染色して可視化する．

2.1.6 大腸菌の形質転換と大腸菌からのプラスミド単離

　図2.2に示したようにして作製したプラスミド，すなわちPCRしたり切ったり貼ったりして作製したプラスミドは，実は単一の分子の集まりではない．なぜなら，PCRにおいては非常に低い確率ではあるが変異が入ることがあるし，切断効率も100％とは限らない．例えば図2.2において HindIII 部位の切断効率が90％だったとすると，外来遺伝子が挿入されていないプラスミドが10％はできてしまう．また予想外の連結反応が起こることもある．そこで混合物の中から目的の配列をもつ単一のプラスミドを取り出すこと（プラスミドのクローニング）が必要である．なお，クローニングとは，まったく同一の遺伝子型をもつ"生物"の集団（クローン）をつくることであるが，まったく同一の"生体分子"の集団（プラスミドの集団など）をつくることにも使われる言葉である．

　プラスミドの混合物の中から単一のプラスミドを取り出すには，大腸菌を用いる．カルシウムイオン添加などによってプラスミドの膜透過を容易にした大腸菌細胞（コンピテント細胞）を用いることにより，大腸菌内にプラスミドを導入することが可能である．これはもともとの大腸菌の性質を外来プラスミドの導入により変えてしまう操作なので，「大腸菌の形質転換」と呼ばれる．形質転換後は，プラスミドが導入された大腸菌を選別する必要がある．そのためプラスミドには通常，アンピシリンなどの抗生物質に対して耐性となるような遺伝子が含まれている．形質転換の操作を行った大腸菌を，抗生物質を含む培地上で培養すると，もとの大腸菌は死滅するがプラスミドが導入された細胞だけは生き残る．抗生物質を加えた寒天培地上で一晩培養すると，コロニーと呼ばれる大腸菌の塊ができる（図2.9）．一つのコロニーは1個の大腸菌から分裂したものなので，その中のすべての大腸菌は完全に

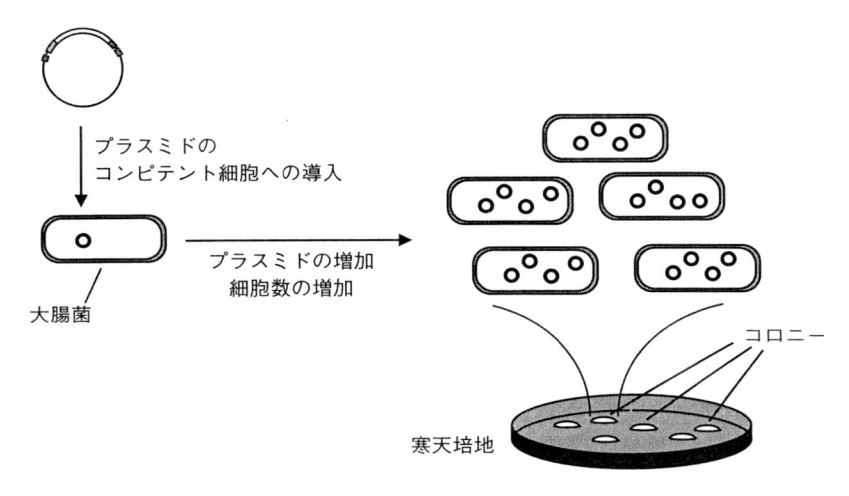

図 2.9　大腸菌による単一プラスミドの生産

同じ遺伝的背景をもつ．すなわち大腸菌のクローンの集合体である．一つの大腸菌あたり1分子以下のプラスミドが導入されるように（すなわち一つの大腸菌あたりプラスミドが2分子以上導入されないように）形質転換を行えば，一つのコロニーの中には単一のプラスミドが存在すると考えられる．大腸菌からプラスミドを抽出する方法は確立しており，現在ではこれを短時間で行うための様々な試薬キットが市販されている．したがって，一つのコロニーから単一のプラスミドを得ることができ，またその大腸菌を培養することによりプラスミドを増幅することもできる．なお，大腸菌からのプラスミド抽出法を，ごく簡単に説明すると，以下のようになる．（1）界面活性剤を含むアルカリ溶液により細胞膜を破壊し，（2）高塩濃度のバッファー（緩衝液）を加えてアルカリを中和すると共に遠心してゲノム DNA，蛋白質，細胞壁などを沈殿させ，（3）その上清から（プラスミド抽出キットに含まれるミニカラムなどを用いて）RNA や低分子を除くことにより，プラスミドを得ることができる．

2.1.7 DNA 配列の確認

上に述べた方法で単一のプラスミドを調製したら，目的とする配列をもっているかどうかを確認しなくてはならない．ここでは DNA の配列解析について述べる．通常，配列解析には目的のプラスミドそのものを用いるが，プラスミド中の配列決定したい部分を PCR 増幅して増幅産物 DNA を用いる場合もある．

現在主流となっている方法は，ジデオキシ法あるいはサンガー法と呼ばれる方法である（図 2.10）．少量のジデオキシヌクレオチド（ddNTP）を通常の dNTP に混ぜて用いると，ddNTP が伸長中の DNA に取り込まれたとき

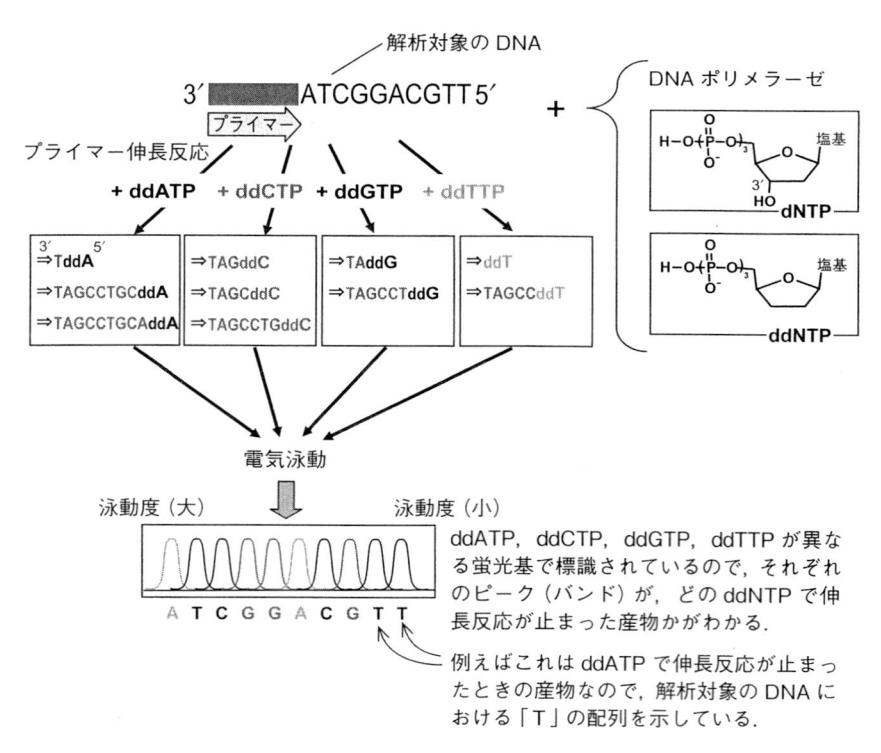

図 2.10 ジデオキシ法による DNA 配列決定

伸長反応が止まってしまう．ddATP，ddCTP，ddGTP，ddTTPを別々の蛍光基で標識したものを使い，プライマー伸長反応において4種類のddNTPを少量ずつ加えることにより，すべての残基で少しずつ反応が止まる．4種類のddNTPが別々の蛍光基で標識されているので，電気泳動すると各残基において反応がどのddNTPで止まったかがわかる（つまりATGCの区別がつく）．

現在，配列決定のための電気泳動と蛍光シグナル解析を自動的に行う装置（DNAシーケンサー）が一般的に用いられ，誰でも容易に配列決定を行うことが可能になった．このような装置を用いると，うまくいけば500塩基以上の配列を一度に決めることができる．DNAシーケンサーが開発されて以来，長い配列を決定することが容易になったので，1990年代から，様々な生物のゲノム配列を片っ端から決める「ゲノムプロジェクト」が盛んになった．その結果，すでに数多くの微生物や，動物，植物のゲノムの全貌が明らかになっている．ヒトゲノムの塩基配列も2003年に完成版が公開された．

2.2 蛋白質に関する操作

前節では遺伝子操作について説明した．次に蛋白質の操作について説明する．PCR，DNAの切り貼り，クローニング，配列確認などの遺伝子操作を経て，外来蛋白質遺伝子を発現させるためのプラスミドをつくったとしよう．次はこのプラスミドを用いて蛋白質合成を行い，精製を経て，得られた蛋白質の同定と活性解析などに移る．これらの操作について，以下にそれぞれ説明する．

2.2.1 大腸菌での蛋白質合成

大腸菌に外来蛋白質遺伝子を発現させるためのプラスミドを導入すると，ある条件下において大腸菌内で外来蛋白質を産生させることができる．例え

ば，図 2.1 に示すようなプラスミドを用いた場合，大腸菌内で T7 RNA ポリメラーゼが産生されるような条件にすると（通常は IPTG という物質を培地に加えると），プラスミドにコードされた外来蛋白質が合成される（詳細は 1.5.4 項の 2) 参照）．大腸菌を大量培養してから外来蛋白質を産生させると，その蛋白質の大量調製を行うことができる．

2.2.2 His タグをもつ蛋白質の精製

生体内あるいは生体外において生合成した蛋白質は，目的外の蛋白質や種々の核酸類，低分子化合物などを不純物として含んでいる．目的の蛋白質を実験に利用するためには，これらの不純物を取り除かなくてはならない．普通は何種類ものカラムクロマトグラフィーを繰り返し行って精製する．忍耐と技術が必要である．

あるアミノ酸配列を蛋白質に追加し，その配列に特異的に結合するゲルやビーズを用いると，その蛋白質だけを取り出し，精製することができる．例えば，蛋白質の N 末端あるいは C 末端に 6 個のヒスチジン（His_6 = His タグ）を追加しておくと，図 2.11 下に示すように Ni^{2+} や Co^{2+} の錯体と強く結合するので，その蛋白質が非常に簡単に精製できる．もちろん生体内の蛋白質には His タグは付いていないので，このようなことができるのは人工的に蛋白質を生合成した場合の話である．His タグ付き蛋白質を合成するためには，蛋白質合成用プラスミドを作製する際，目的の蛋白質に His タグがつながるよう DNA 配列上で細工しておけばよい．蛋白質混合液をニッケル担持カラム（Ni-カラム）に流し込み，His タグをもつ蛋白質をカラムに担持させた後，洗浄して非特異的に結合した不純物を除き，その後イミダゾール（これはヒスチジン側鎖に似た構造をもつ）を含む溶液を流して蛋白質を溶出させる（図 2.11）．すると，His タグをもつ蛋白質のみを得ることができる．

2.2 蛋白質に関する操作

His タグのついた蛋白質 + 不純物

Ni-カラム

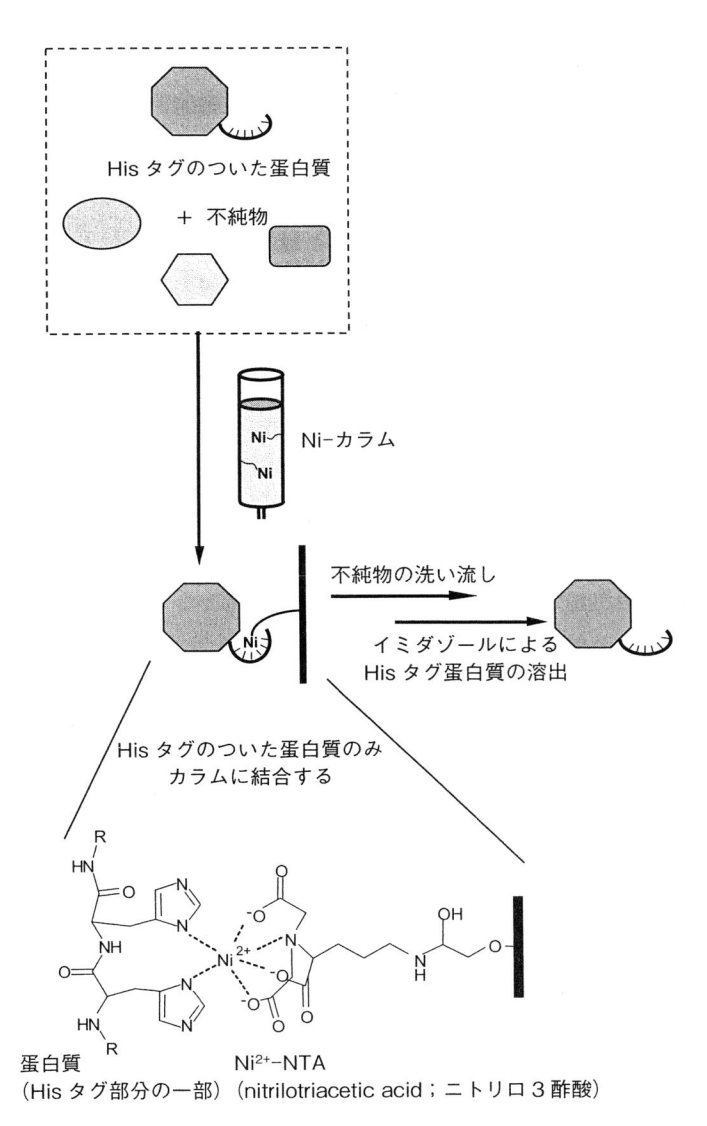

不純物の洗い流し

イミダゾールによる His タグ蛋白質の溶出

His タグのついた蛋白質のみカラムに結合する

蛋白質
(His タグ部分の一部)

Ni^{2+}-NTA
(nitrilotriacetic acid；ニトリロ3酢酸)

図 2.11　Ni-カラムを用いた His タグ付き蛋白質の精製

2.2.3　SDSポリアクリルアミドゲル電気泳動による蛋白質の分離と確認

精製した蛋白質の確認で最も簡便な方法は，SDSポリアクリルアミドゲル電気泳動法（SDS-PAGE）である．蛋白質を大過剰のドデシル硫酸ナトリウム（SDS）水溶液に溶かすと，SDS分子が蛋白質分子を変性させミセルをつくるため，蛋白質分子は全体として負に帯電する（図2.12）．それを，SDSを含むポリアクリルアミドゲル中で電気泳動すると分子量と泳動度の相関が得られる．すなわち，分子量が大きいほど流れにくく，小さいほど流れやすい．これはDNAやRNAを電気泳動した場合（図2.8参照）と同じである（もしSDSを加えないで蛋白質の電気泳動を行うと，アミノ酸種により負電荷をもつものや正電荷をもつものがあるので，それぞれの蛋白質は主にアミノ酸組成に従い静電的特性が決まり，分子量とはまったく関係ないところに流れてしまう）．ゲル中の蛋白質を色素で染色して観測すると，試料溶液中にどのような分子量の蛋白質が含まれていたかがわかる．

ゲル中の蛋白質の存在は，蛋白質に吸着するクマジーブリリアントブルー（CBB）などの色素で染色することによって検出する．図2.13は，大腸菌を用いて合成した蛋白質（分子量 約16 kDa）の精製前後の溶液をSDS-PAGE

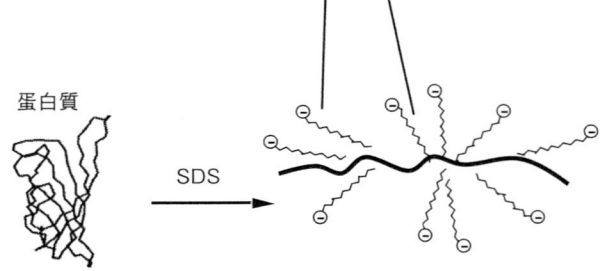

図2.12　SDS溶液で処理した際の蛋白質

2.2 蛋白質に関する操作   55

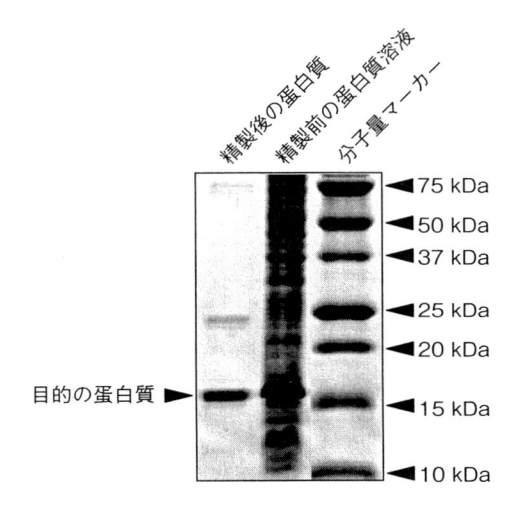

図 2.13 CBB で染色した SDS-PAGE の例
実際にはバンドは青い色になる．分子量マーカーとして流した蛋白質の，
それぞれの分子量を右に示す．

し，CBB で染色した例である．これは His タグの付いた蛋白質を Ni-カラムで精製したものであり，精製前は非常に多種類の蛋白質の混合物であるが，精製後はほぼ単一の蛋白質にまで精製されていることがわかる．また，分子量マーカーを別のレーンに流しておくことにより，得られた蛋白質の分子量が大まかに推定できる．

SDS-PAGE 後の，さらに鋭敏な検出法は，次の項で述べる．

2.2.4 抗体を用いた蛋白質の検出

抗体とは，動物の体内に異物（抗原）が侵入したときにつくられる蛋白質で，その異物に特異的に結合するものである．抗体を用いると，特定のペプチドや蛋白質を高感度で検出することができる．以下に，T7 タグという 12 アミノ酸からなるペプチド配列と，それに特異的な抗体（抗 T7 タグ抗体）を例にあげて，蛋白質の検出法を説明する．

図2.1に示したようなプラスミドを用いて蛋白質を合成すると，そのN末端にはT7タグが挿入されている．現在，非常に様々な蛋白質やペプチドに対する抗体が製品化されているため，合成した蛋白質そのものに対する抗体も入手できるかもしれない．しかし，合成したそれぞれの蛋白質に対して抗体を買っていると研究費が非常にかかるし，また蛋白質によって結合する抗体量が違うので蛋白質量の比較が困難になる．そこで，合成したすべての蛋白質にT7タグを付けておき抗T7タグ抗体で検出すれば，費用も助かるし蛋白質量の相互比較も可能になるわけである．抗体は完璧に抗原のみに結合するとは限らず，ほかの蛋白質をうっすらと検出してしまう場合も多いが，抗T7タグ抗体の特異性は非常に高い方である．

抗体による蛋白質の特異的検出には，電気泳動後のゲルに対して行う方法（ウェスタンブロッティング法）や，直接蛋白質溶液を膜にスポットしてその膜に対して行う方法（ドットブロッティング法）などがある．

まず，ウェスタンブロッティング法について説明する（**図2.14**）．上述したように，SDS-PAGEの電気泳動で分離した蛋白質の可視化は，CBB染色

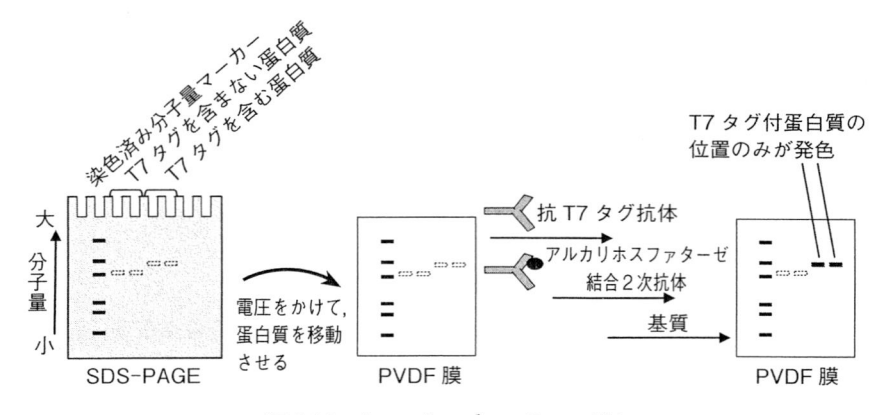

図2.14 ウェスタンブロッティング法

ここでは抗T7タグ抗体を用いた場合について示す．分子量マーカーは染色済み（プレステイン）の蛋白質とし，操作中に常に目印として見ることができる．そのほかの蛋白質は，最終的な可視化を行うまでは見えないので，点線で囲って示してある．

などで行う.一方分離した蛋白質すべてではなく,その中の特定の蛋白質だけを可視化したい場合にウェスタンブロッティング法を用いる.まず蛋白質を分離用のゲルから PVDF(polyvinylidene fluoride)などの高分子膜に移動させる.このとき,ゲルと PVDF 膜を密着させて電圧をかけることにより蛋白質を PVDF 膜に移す.PVDF 膜上で蛋白質と抗体との反応を2段階行う.まず1次抗体(すなわち,目的の蛋白質あるいはペプチドに結合する抗体;ここでは抗 T7 タグ抗体)を反応させる.次に2次抗体,すなわち1次抗体と反応する抗体を加える.2次抗体には,それを可視化する仕組みが組み込まれている.例えば,酵素アルカリホスファターゼを結合した2次抗体が使用される.この場合,アルカリホスファターゼにより分解されると発色する基質を加えることにより,膜上で2次抗体が存在するところが発色する.このほかに蛍光標識2次抗体なども市販されている.このように1次抗体と2次抗体を用いた一連の反応を行うことにより,1次抗体に結合する抗原をもった蛋白質だけを可視化することができる.

　一方,混合物中の特定の蛋白質の存在量を知りたいが分子量までは知る必要がない場合,蛋白質溶液を高分子膜に直接スポットして,簡便に蛋白質の検出を行うことができる(図 2.15).例えば上と同様に T7 タグ付きの蛋白

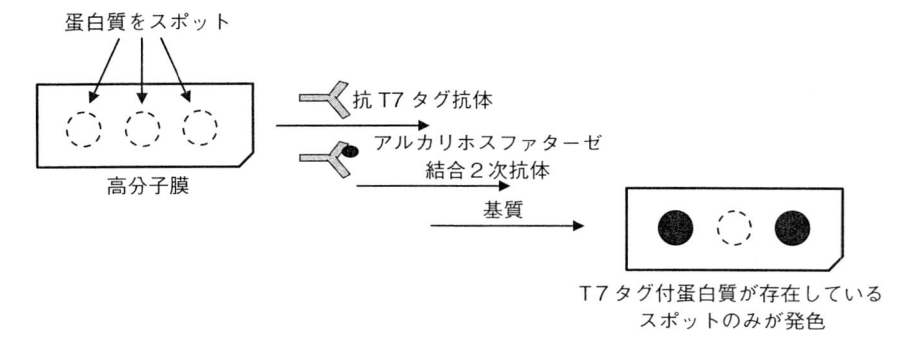

図 2.15　ドットブロッティングと抗体による蛋白質の可視化

質を検出したい場合，高分子膜にサンプルをスポットして，その後上記と同様の作業を行う．つまり電気泳動の手間と，ゲルから膜への蛋白質の移動の手間が省ける．この高分子膜に直接蛋白質や核酸をスポットして固定化する操作をドットブロッティングという．

ドットブロッティングでは，ウェスタンブロッティングの場合のようにSDSによる蛋白質の変性過程を経ないので，蛋白質は活性状態を保っている場合が多い．したがって，ドットブロッティングした蛋白質の検出を，その蛋白質の酵素活性や特定のリガンド（特定の物質（蛋白質など）に対して特異的に結合する物質）の結合活性を利用して行うことも可能である．

2.3 培養細胞に関する操作

培養細胞とは，動物や植物などの生体から取り出され，外部で培養されている細胞のことである．培養細胞を用いた実験，特に動物細胞での実験は最近の分子生物学研究には欠かせなくなってきた．例えば創薬研究のためには最終的にヒトでの実験が必要になるが，基礎研究の段階ではヒトの特定の組織から取り出した培養細胞（あるいはヒトに近い哺乳動物の細胞）を用いての実験を行う．また多様な細胞内のメカニズムを調べるためにも哺乳動物細胞が題材になることが多い．ここでは哺乳動物由来の培養細胞にしぼって，その取り扱いや実験操作を簡単に紹介する．

2.3.1 細胞の入手と取り扱い

培養細胞は，同じ細胞といっても，大腸菌などの細菌細胞とは，かなり扱い方が異なる．大腸菌は手荒に扱ってもあまり形質は変わらないが，培養細胞は性質が変わりやすく，長く培養を続けると目に見えて細胞の形が変わってくることがある．また，継代（本項内で述べているので下記を参照）を手荒に行ったりタイミングが遅すぎたりすると特に性質が変わりやすい．そう

なると，細胞集団の性質がまちまちになり，実験の再現性が得られなくなってくる．

細胞の培養および取り扱いは基本的にすべて無菌的な部屋で行い，容器のふたを開けて細胞を扱う際は，特に無菌的な環境をつくり出すクリーンベンチの中で行う．このような神経質な取り扱いをしなければならないのは，培養細胞を生育させる培地は栄養価が高く，細菌やカビも増殖しやすい条件であり，しかも増殖速度はそれらの方が速いからである．細胞実験を行う者は，細菌やカビによる培養細胞の汚染のことをコンタミネーションといい，恐れている．

実験目的に合った細胞株を入手する際は，国内外の公的な細胞バンクの中から探すのが一般的である．また，メーカーにより製品化されている細胞株を入手すると，少々値が張るが，最新の細胞工学技術を簡単に利用できる場合がある．

入手した細胞は普通小型のチューブに凍結保存されている．これを37℃のインキュベーター（恒温槽）でチューブを温めながらすばやく解凍し，すぐに適切な培地で希釈して（場合によってはその後遠心して保存溶液に含まれていた有害な物質を除いてから培地で再懸濁して）培養を開始する．培養は基本的に37℃で行い，人工的に調合されたMEM (minimum essential medium) などの基本培養液にウシ胎仔血清を10％程度加えたものを培地として用いる．また，培地には細菌のコンタミネーションを防ぐためペニシリンやストレプトマイシンなどの抗生物質を加えることが多い．

培養しているうちにある程度容器内に細胞が増えてくると，細胞を希釈して新しい容器に移さなくてはならない．この操作を継代という．このとき培地中に浮遊している細胞（浮遊細胞）なら，そのまま希釈して継代し，容器の底面に接着している細胞（接着細胞）なら，いったん容器からはがして浮遊させてから継代する．接着細胞をはがす際は，細胞接着を担う蛋白質を分解するためのプロテアーゼ（トリプシンなど）と，接着に必要なCa^{2+}, Mg^{2+}

などの2価イオンを除くためのキレート剤として，EDTA (ethylenediamine tetraacetic acid) を併用することが多い．

　細胞を長いあいだ培養し続けると性質が変わってくることがあるし，また細菌が混入してしまい全部を捨てなくてはならなくなることもある．したがって，細胞を入手し培養を始めたら早いうちに一部を保存する．容器からはがして懸濁し濃縮した細胞に凍結保護剤を加え，徐々に冷却して，液体窒素（あるいは−80℃のフリーザー）で保存する．

2.3.2　生細胞数の測定

　細胞を用いる実験で再現性を得るためには，ある程度決まった細胞数を用いて決まった容器内で行う必要がある．したがって，その容器に細胞をまく際には，事前に細胞数を数えておく必要がある．このとき用いる方法として一般的なものは，血球計算盤を用いる方法である（図2.16）．血球計算盤とは，中央付近に格子状の標線が刻まれているスライドガラスである．血球計算盤

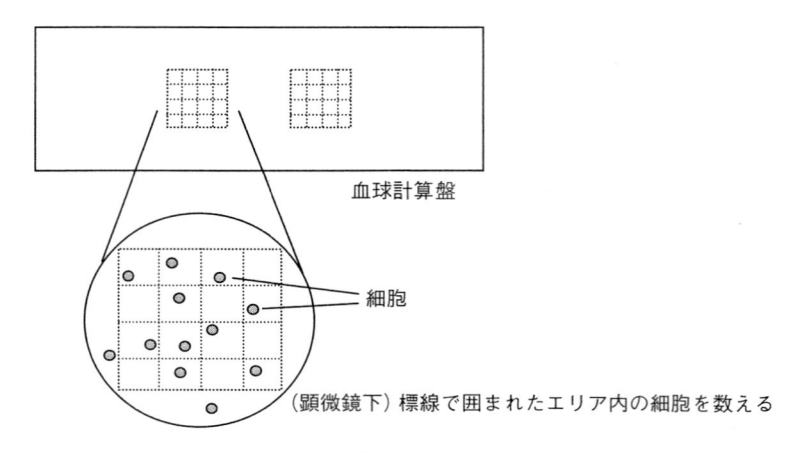

図2.16　血球計算盤上での細胞数カウント
血球計算盤には点線のような標線が刻まれている．図に示す例では，2ヶ所において細胞計数用の標線エリアがあり，一つの板で2回計数することができる．

の格子の刻まれた部分にカバーガラスをかけ，その近傍に細胞懸濁液を少量たらすと，カバーガラスと血球計算盤の隙間に液が入っていく．標線で囲まれた正方形区画（例えば，1 mm×1 mm）に含まれる細胞数を顕微鏡下で数えると，その細胞懸濁液の1 mLあたりの細胞数がわかる．ただし，ただ数えるだけでは，生細胞と死細胞の区別はできない．

　生細胞数と死細胞数とを区別して同時測定する場合，色素排除法と呼ばれる方法を用いるのが一般的である．この方法ではトリパンブルーなどの色素を用いて，死細胞を染色する．そして，上記の血球計算盤上で染色された細胞（死細胞）と染色されていない細胞（生細胞）を数える．

　培養細胞を用いた最も単純な実験は，培地中に薬品を加え，その前後の生細胞数あるいは死細胞数の変化を調べることである．例えば種々の試薬を用いて特定の細胞を死滅させたいときや増殖促進させたいときなどに，そのような実験を行う．さらに複雑な操作をして複雑な現象を調べる場合にも，操作後の細胞数のチェックが必要となる．したがって，上記のような細胞計数法は細胞実験の基本といえる．

　ただし，血球計算盤を用いて数える方法は時間がかかるので，多検体の場合にはあまり向かない．そこで，生細胞の活性を指標として生細胞数を間接的に測定する方法がよく用いられる．この方法は簡便で多検体の場合にも適しており，細胞数が少なくても測定できる．この類の方法でよく知られているのは，MTT法である．MTT [3-(4,5-dimethylthiazol-2-yl)-2,5-diphenyl tetrazolium bromide] は，テトラゾリウム塩で黄色い化合物であるが，生細胞内の酵素により青色の産物へと転換される．この青色の吸光度を測定して生細胞数の指標とすることができる．また，MTT以外のテトラゾリウム塩を用いる，より簡便な改良法もある．

2.3.3　DNAやRNAの細胞内導入

培養細胞内で外来の蛋白質や変異蛋白質を生産させたいときには，大腸菌

内で産生させる場合と同様，蛋白質遺伝子をコードしたプラスミドを細胞内に導入する．ただしそのプラスミドの仕組みは，大腸菌で用いる場合とは少々変えなくてはならない．哺乳動物細胞内で用いる蛋白質合成用プラスミドにおいては，転写開始を指示するプロモーターとして哺乳動物細胞内ではたらく配列（大腸菌系と異なる）を用いる．また蛋白質遺伝子の開始コドンの直前から開始コドンにかかる形でコザック（Kozak）配列と呼ばれる配列を導入する（これがないと翻訳効率がかなり低くなる）．その代わりに大腸菌系のようなSD配列は必要ない．プラスミドの構築は2.1.1項で述べたように行い，DNAの切り貼りをした後（図2.2参照），やはり大腸菌を用いてクローニングする．したがって哺乳動物細胞で用いるプラスミドにも大腸菌内で複製されるような仕組みが含まれている．しかしこのプラスミドは哺乳動物細胞内で自己複製する仕組みをもたない．そのため大腸菌の場合と異なり，細胞分裂を繰り返しても永久にプラスミドが保持されるということはない．したがって，プラスミド由来の蛋白質生産は一時的なものとなる．ただし，低い確率だが，プラスミド由来の蛋白質遺伝子が組換えされて培養細胞内のゲノムに入り込んでしまい，目的の蛋白質を長期間安定に生産する細胞ができることがある．このような細胞を抗生物質による選択やクローニング操作などで「安定発現株」として得てから実験を行う場合もある．自然に起こる組換えに任せると安定発現株を得るには少々苦労するが，最近では安定発現株を簡単に得るためのキットも売られている．

　さて，プラスミドのようなDNAを細胞内に導入するには，具体的にどのような方法を用いるのだろうか．最近よく用いられるのは，カチオン性の界面活性剤やカチオン性の合成高分子をキャリアとして目的のDNAを細胞内に運ぶ方法である（7.7.1項の3）参照）．これらの試薬をDNAと混ぜて細胞に加えインキュベーションするだけの簡便な方法であり，現在はそのための試薬は多種市販されている．また，エレクトロポレーション法や，マイクロインジェクション法などの機械的方法もある（図2.17）．エレクトロポ

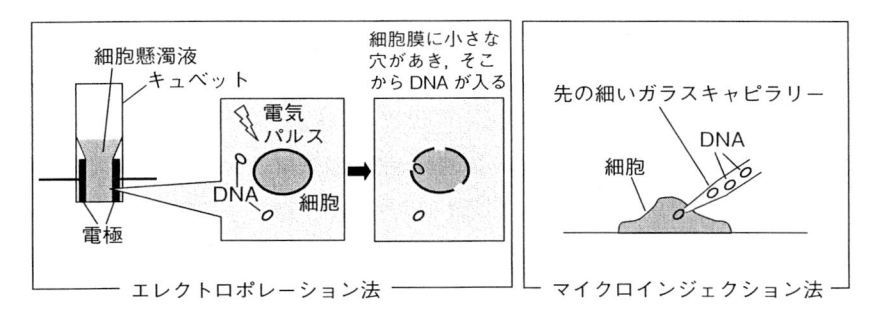

図 2.17　細胞内への核酸導入法（機械的方法）
図はプラスミドを導入するところを示した．

レーション法は，電極の付いた小さな容器内に細胞とDNAを入れ，そこで電気パルスを与えることで細胞に小さな穴をあけてDNAを導入する方法である．この方法では導入は一瞬で終わる．マイクロインジェクション法は，微小な先端をもつガラスキャピラリーにて細胞内にDNAを直接注射する方法である．これは一つ一つの細胞に注射するという面倒な方法ではあるが，DNA以外にもいろいろな物質を導入したり，あるいはDNAとそれ以外の物質を同時導入したりする場合には便利な方法である．なお，遺伝子を細胞内に導入するためには，プラスミドという形で導入する以外にも，ウイルスの形で導入することも可能である．この場合には，この節で述べた方法を用いる必要はなく，ウイルス本来の仕組みにより遺伝子は細胞内に導入される．

最近ではRNAの細胞内導入も盛んになってきている．特に，siRNAと呼ばれる20塩基対程度の短い二本鎖RNAの細胞内導入は重要である（第5章参照）．siRNAを細胞内導入すると，配列特異的に特定の遺伝子の発現を抑制することが可能である．したがって細胞内の特定の遺伝子の発現を抑制すると，その細胞に何が起こるかを見る実験が可能になる．RNAの細胞内導入法もDNAの場合とほとんど同じであるが，カチオン性界面活性剤などの合成キャリアについてはRNAに特化した試薬が製品化されている．

2.3.4 細胞内での蛋白質の挙動の観察

上記のように蛋白質をコードしたプラスミド DNA を培養細胞内に導入することにより，外来蛋白質を細胞内で生産させることができる．このとき GFP などの蛍光性蛋白質（コラム参照）と目的の蛋白質を融合させて生産させると，その蛋白質が細胞内のどこに集積するか，何らかの処理をしたとき蛋白質がどう動くか，などを観察することができる．また，蛍光性蛋白質以外の蛍光プローブによる蛋白質の標識法の開発も盛んであり，細胞内で使える標識法もいくつか知られている．

蛍光標識した蛋白質が核に移動するか細胞質に移動するかくらいの大まかなことは，一般的な蛍光顕微鏡により観察が可能である．共焦点レーザー顕微鏡を用いると，より細かく観察することができる（7.4.2 項参照）．さらには，蛍光標識蛋白質を 1 分子レベルで観察できるような顕微鏡も利用可能である．

核やミトコンドリアやそのほかの細胞小器官を特異的に染色する試薬は市販されており，これらと共に標識蛋白質の局在を観察することにより標識蛋白質が細胞内のどこに存在するかがはっきりわかる．図 2.18 はミトコンドリアに特異的な蛍光試薬で細胞を染色した例である．

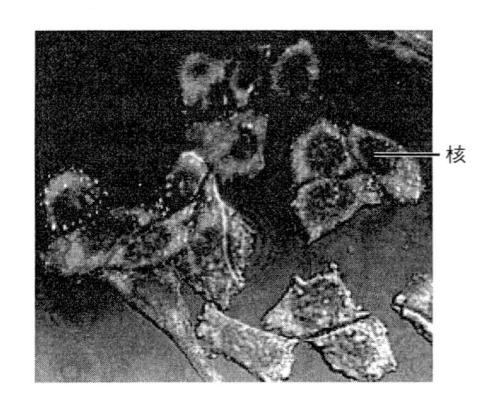

図 2.18 CHO 細胞（チャイニーズ ハムスター卵巣由来）をミトコンドリア特異的に染色したときの観察結果

細胞内の核の部分が染まっておらず，細胞質に分散しているミトコンドリアが染まっていることがわかる．

蛍光性蛋白質

20種類のアミノ酸だけからなる蛋白質で緑色の蛍光を出すもの（green fluorescent protein；GFP）がある．これは当初オワンクラゲと呼ばれる生物から見いだされ，現在では，そのほかの蛍光性蛋白質も種々の海産物から見つかっている．アミノ酸はトリプトファンのインドール基以上のサイズのπ共役系をもたないので，緑色の蛍光を出すことは大変不思議に思われた．GFPのX線結晶解析の結果，Thr（あるいはSer）-Tyr-Glyというアミノ酸配列が，下図のように脱水反応と脱水素反応を起こし，広い共役系をもつ蛍

（PDB ID：1HCJ）

光基を形成していることが明らかになった．不思議なことに，Thr-Tyr-Gly のトリペプチドではどうしてもこのような反応は起こらない．蛋白質内部の高い疎水領域に存在すること，および高度にゆがんだ環状構造をとりうることがこのような蛍光基の形成を可能にしているのである．

　GFPやそのほかの蛍光性蛋白質は，その遺伝子を細胞内に組み込むことによって形成され，蛍光を発する．つまり蛍光発光により遺伝子が転写，翻訳されたかを容易に検出することができる．このような遺伝子をレポーター遺伝子と呼び，生化学の分野でよく使われている．

演習問題

[1] 二本鎖DNAの両端をDNAリガーゼにより結合して環状化したいとき，その末端形状として必要な条件は何か．

[2] 精製した多量の蛋白質の鎖長を確認したいとき，および，未精製の蛋白質の鎖長を確認したいとき，それぞれどのような方法をとるか．

[3] 培養細胞において，生細胞と死細胞を区別して計数する方法には，どのようなものがあるか．

[4] 20サイクルのPCRにより，その原理のとおり，あるDNAを2の20乗倍に増やすことができたとする．このとき増幅したDNAの大きさは2000 bpで，用いた酵素は，4000塩基に1回の確率で間違った塩基を挿入してしまうとする．PCR後のDNAには平均して何ヶ所の変異が含まれているか．

[5] N末端にHisタグが付加した蛋白質を大腸菌にて生産させたい．いま，目的の蛋白質の遺伝子（Hisタグなし）および，図2.2左上のようなプラスミドをもっているとする．蛋白質を生産するためのプラスミドを構築する際，どのような工夫をすればよいか．

第3章　細胞内で機能する人工分子
―生き物の中で化学を使いこなす―

　第1章で学習したように，生命体は生体分子間のきわめて精緻な反応や相互作用を利用して機能制御を行っている．しかし，生物有機化学の目的は生命体の妙技に感心していることではなく，それらに人為的な手を加えて制御したり，人工機能を付与して機能改変したりすることにある．それらの研究は創薬，診断，治療など医療分野を中心とした広い応用につながっている．さらに第4章で見るように生命体自体を合成するような壮大な研究にもつながっていくのである．本章では生体分子アナログとして生化学系に組み込まれて機能する人工分子，あるいは生体分子とは異なる構造をもつが結果として生化学系で機能する分子などの設計，合成，機能について紹介する．

3.1　人工生体分子の分類

　生化学系あるいは細胞中で機能する分子は水溶性で，水中，37℃付近，pH 7.4付近で一定の時間安定に存在できることが必要である．さらに，生化学系に存在する種々の蛋白質，核酸，多糖などと非特異的な反応や相互作用をしないことも必須の条件である．これらの条件を満たす有機化合物はそれほど多くなく，生物由来の分子やそれらの誘導体が中心になる．しかし例外的にいくつかの人工分子はこの条件を満たし，しかも細胞中で重要な人工機能を果たしている．まずこれらの人工生体分子の分類から始めよう．

3.1.1 構造面からの分類

1) 生体分子アナログ

　天然の生理活性分子，すなわちホルモンや神経伝達物質など（より一般的にはリガンド）と似た化学構造をもつ人工分子を生体分子アナログという．アナログは蛋白質や核酸などによって天然の生理活性分子と誤認識され，それらに特異的に結合することが多い．その結果，アナログは天然物と同様な生理機能を引き起こすことがある．このようなアナログ分子をアゴニストと呼ぶ．一方，天然分子と誤認識されて蛋白質などに結合はするが，生理機能は引き起こさないアナログもあり，それらをアンタゴニストと呼ぶ．アンタゴニストは本来の生理活性分子の結合を妨げ，その機能を阻害するはたらきをする．アゴニストやアンタゴニストとして作用する生理活性分子アナログは創薬目的で開発されることが多い（図 3.1）．

　ホルモンなどの生理活性物質だけでなく，より広い範囲の生体分子についても種々のアナログが合成され，生化学系の機能制御や人工機能発現に利用されている．3.3 節で見るように，種々のアミノ酸アナログは蛋白質中に組み込まれてその機能を改変するのに使用される．また核酸塩基アナログは核

天然の生理活性分子（リガンド）：細胞表面の受容体（レセプター）に結合して，生理機能を発現させる．

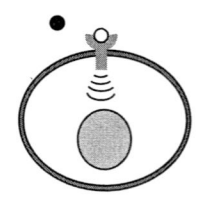

アゴニスト：天然のリガンドと同等かそれ以上に受容体に結合して，生理機能を発現させる．

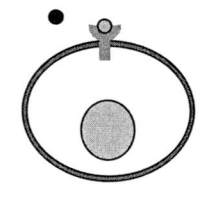

アンタゴニスト：受容体に結合するが生理機能は発現しない．その結果本来の生理活性分子の機能を抑制する．

図 3.1　アゴニストとして機能するアナログ分子とアンタゴニストとして機能するアナログ分子

酸機能を拡張するのに用いられている.

2）生体代替分子（サロゲート）

有機化学的に興味深いのは，天然の生体分子とはかなり異なる構造をもつにもかかわらず，生体分子と同じような機能を示す分子である．これを生体代替分子（サロゲート）と呼ぼう．例えば，天然の核酸とは構造がまったく異なるポリアミドに核酸塩基を並べた分子（ペプチド核酸）は天然の核酸以上に核酸と強く結合する．また有機分子ではないが，Ce(IV)イオンはDNAを高効率で切断する．これらのサロゲートは，本来の生体分子とは構造や作用機構が異なるため，生化学系で独立に機能する点が興味深く，またそれが有用な点である．

3.1.2 機能面からの分類

アナログやサロゲートなどの人工生体分子の生化学系での機能は，以下のように三つの型に分類できる（図3.2）．

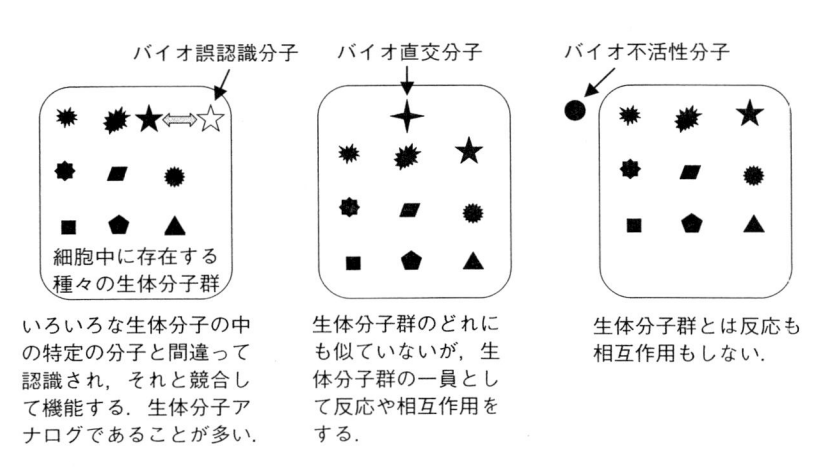

図3.2 バイオ誤認識分子，バイオ直交分子，およびバイオ不活性分子の概念

a. バイオ誤認識分子 (bio-substitute molecules)

バイオ誤認識分子は生化学系を構成する分子群の内のどれかに類似の分子であり，それと誤って認識されることによって機能する．上述のアゴニストやアンタゴニストなどはその例であり，これらは天然の生理活性分子（リガンド）と誤認識されて特定の蛋白質（受容体＝レセプター）に結合する．またある種のアミノ酸アナログは蛋白質生合成系に誤認識され，蛋白質に導入されてしまう．さらに一部の非天然核酸塩基は天然の核酸ポリメラーゼに誤認識されて基質となり，DNAやRNAに組み込まれる．3.2節以降で述べるように，バイオ誤認識分子をうまく利用したいろいろな生化学研究ツールが使われている．その一方，バイオ誤認識分子は生体中で勝手に蛋白質や核酸などに入り込んだり，受容体に結合したりして予想もしない結果を引き起こす危険な分子であることを注意しておきたい．

b. バイオ直交分子 (bio-orthogonal molecules)

一方，生化学系で機能する分子でありながら，系中の生体分子群とは独立に挙動する化合物がある．例えば，ある種の合成分子は細胞中の生体分子とはまったく関わりあいをもたないが，同じく細胞中に導入された別の人工分子とだけ反応や相互作用をすることがある．このような分子をバイオ直交 (bio-orthogonal) 分子，あるいはバイオ直交分子対と呼ぼう．多くの天然生体分子は細胞内でバイオ直交性を保っており，特定の分子とだけ反応や相互作用をしている．例えば特定のホルモンは特定の受容体とだけ結合することによって，その機能を発現している．生体内の多くのリガンド－レセプター相互作用，酵素－基質反応，蛋白質－蛋白質相互作用，あるいは蛋白質－核酸相互作用はバイオ直交性である．また種々の配列のDNAは，それらに相補的な配列のDNAとだけ結合するのでバイオ直交性である．バイオ直交性は生体分子の機能発現を考えるうえで，最も重要な概念といってよいだろう．生化学系で機能する人工バイオ直交分子やバイオ直交反応が見いだされれば，既存の機能を保持したままで細胞に新しい人工機能を導入することができる．

c. バイオ不活性分子 (bio-inert molecules)

生化学系とはほとんど何の相互作用もしない分子群がある．これをバイオ不活性 (bio-inert) 分子と呼ぼう．いくつかのフッ素化合物は生体とは相互作用しないが，酸素溶解性が高いので，人工血液としての利用が検討されている．また種々の体内埋め込み型医療用材料に使われる材料にもバイオ不活性分子が使われている．ただしこれらは分子として機能するわけではないので狭い意味での人工生体分子とはいえず，本教科書ではこれ以上取り上げない．

生体分子アナログやサロゲートは，バイオ誤認識分子として機能することもあるし，またバイオ直交分子として機能することもある．構造による分類と機能による分類はかなり複雑に絡まっているので注意してほしい．

3.2 バイオ誤認識分子

3.2.1 生理活性分子アナログの例：ペプチドアナログ

多くの生理活性分子アナログは，アゴニストとしてもとの分子と同様な生理活性を示す．アゴニストには天然の生理活性よりも強い活性を示すものがあり，それらは医薬として用いられることが多い．逆に本来の生理活性分子と拮抗し，その活性を抑制する分子がアンタゴニストである．アゴニストもアンタゴニストも，本来の生理活性分子の受容体である蛋白質に誤認識されて結合する．例として生体のホルモン類似分子を合成し，アンタゴニスト医薬として利用した成功例を紹介しておこう．

ホルモンは特定の受容体と結合することによってその機能を制御し，ひいては生物個体全体の機能を制御する．ホルモンにはステロイド由来のものとペプチド由来のものがあるが，ここでは後者について紹介しよう．黄体形成ホルモン放出ホルモン (LH-RH) は脳内の視床下部で合成され，脳下垂体の黄体形成ホルモン分泌細胞の受容体に作用するペプチドホルモンである．黄体形成ホルモンはヒトの性腺を刺激して，男性ホルモン量を増加させたり，

天然の LH-RH
5-oxoPro-His-Trp-Ser-Tyr-Gly-Leu-Arg-Pro-Gly-NH$_2$

LH-RH 類縁体（天然のホルモンより約 80 倍有効）
5-oxoPro-His-Trp-Ser-Tyr-D-Leu-Leu-Arg-Pro-NH-Et

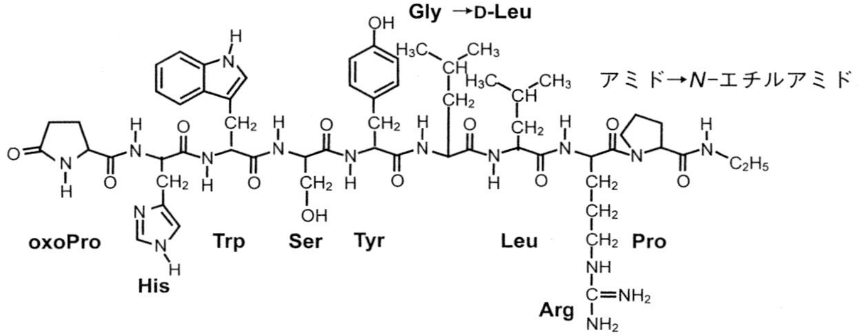

図 3.3　アンタゴニスト医薬として用いられる LH-RH アナログの構造
天然物と比べて，6 番目のアミノ酸がグリシンから D-ロイシンに変換され，また N 末端が無置換アミドから N-エチルアミドに変換されている．

女性の排卵を調節したりする．その類縁体（図 3.3）は天然の LH-RH より約 80 倍強く受容体に結合して男性ホルモン分泌を妨げるアンタゴニストであり，前立腺がんなどの治療薬として広く用いられている．これは日本で開発されたペプチド医薬の輝かしい成功例である．

この例では，D 体のアミノ酸を導入したことと C 末端を N-エチルアミドにしたことで，血中での安定性向上と活性上昇を達成している．

天然由来の化合物やその誘導体の合成は創薬にとって非常に重要である．今後も新しい生理活性分子が見いだされ，構造決定され，大量合成され，またさらに活性の高い誘導体が合成されるであろう．ただしこのような分野は「有機天然物化学」と呼ばれ，生理活性をもつ天然物およびそのアナログの合成を行う分野である．この教科書の分野，すなわち「生物有機化学」では天然の生理活性分子を真似るのではなく，生化学機構の理解に基づいた合理的な人工機能分子の設計を行うことを目的とする．そのため天然の生理活性

分子のアナログの話題にはあまり言及しない．

3.2.2　DNAポリメラーゼやRNAポリメラーゼによって誤認識されるヌクレオチドアナログ

2.1.7項で説明したように，DNAの配列解析にはジデオキシヌクレオシド3リン酸（ddNTP）が用いられている．この分子はDNAポリメラーゼによって本来のモノマーであるモノデオキシヌクレオシド3リン酸（dNTP）と誤認識され，DNAに組み込まれていく．しかしこのジデオキシ体が導入されると次のモノマーが結合するOH基がないので，そこでDNAの伸長は止まる（図3.4）．この性質を利用したDNAの配列解析が行われている．

この例で示されたように，DNAポリメラーゼの基質認識は意外に甘く，ジデオキシ体以外にもいろいろなアナログを基質にすることができる．例えばC5位に蛍光基を結合したデオキシチミン3リン酸はDNAポリメラーゼ

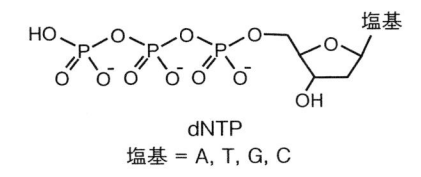

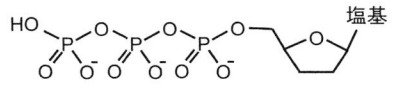

図3.4　ジデオキシヌクレオシド3リン酸アナログ（ddNTP）
これらはDNAポリメラーゼによって誤認識され，新しく合成されたDNA鎖に入ると，DNA合成はそこで停止する．

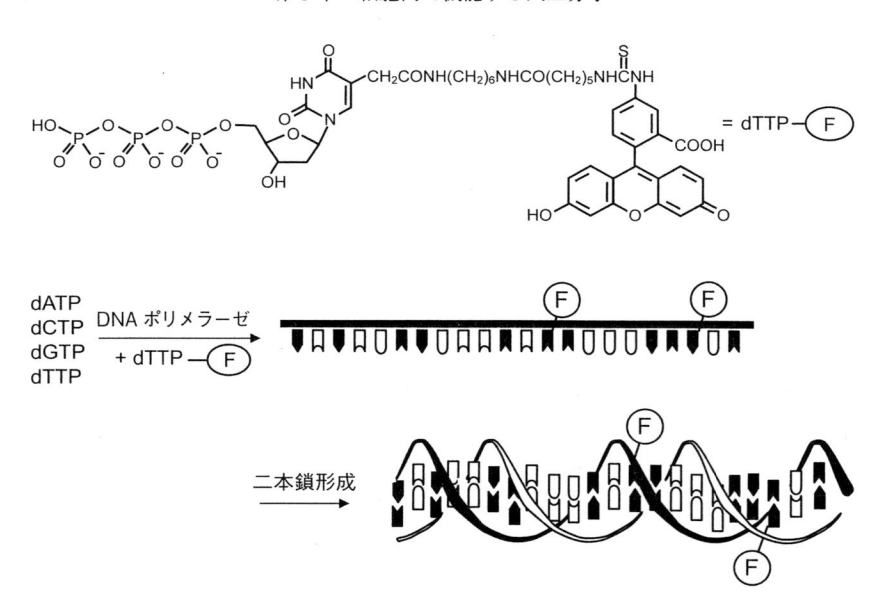

図 3.5 かさ高い蛍光側鎖をもつデオキシヌクレオシド 3 リン酸アナログも DNA ポリメラーゼによって誤認識され，DNA 中に導入される．とくにチミンの C5 位に導入された蛍光基 (F) は二重らせんの外側に配置するので，二本鎖の形成を妨げない．

の基質になり，合成 DNA 中のチミンの位置に蛍光基を導入することができる．PCR 法 (2.1.3 項参照) によって DNA を増幅するとき，このモノマーを共存させると，蛍光標識した多数の DNA を得ることができる．チミンの C5 位は二本鎖 DNA を形成したとき二本鎖の外側に位置するので，この位置の蛍光基はかなりかさ高いものでも二本鎖形成を妨げない (図 3.5)．

同様に蛍光基を結合したウリジン 3 リン酸も RNA ポリメラーゼのよい基質であり，ウリジンの位置で RNA を蛍光標識するのに用いられている．

DNA ポリメラーゼや RNA ポリメラーゼの甘い基質認識を利用すれば，非天然核酸塩基対も受け入れられるかもしれない．もし A-T，G-C 対に加えて，それらに直交する非天然塩基対が利用できるなら，DNA から蛋白質

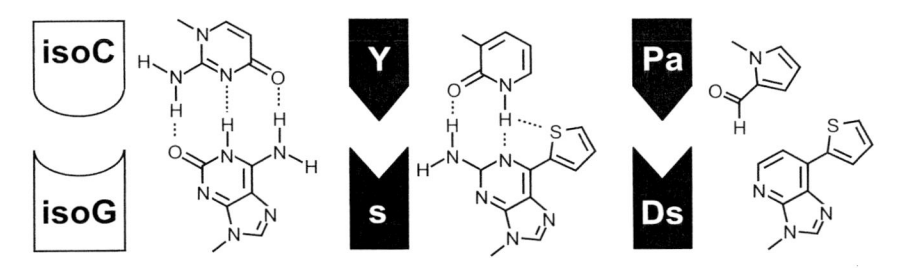

図 3.6 非天然核酸塩基対
Y–s 対は A–T, G–C 対とほぼ直交している.

へ至る生物の情報変換システムは大きく拡張されることになる．このような試みのうち，最初に提案されたのは isoC−isoG 対である（Benner ら，1990）．しかしこれらは実際には直交性が悪く，かなりの程度天然塩基と誤認識されてしまう．よりバイオ直交性にすぐれた非天然塩基対として Y−s 対および Pa−Ds 対がある（平尾・横山ら，2006）．

　Y−s 対は天然の塩基対とは水素結合の様式が異なっており，そのため A−T，G−C 対とは直交する（図 3.6）．また，Pa−Ds 対は水素結合ではなくファンデルワールス相互作用で互いを認識している．このように異なる認識機構で対合するので，これらの非天然塩基対は DNA 複製過程において天然の塩基対には直交性を示す．すなわち DNA 上の Y は DNA ポリメラーゼによって十分な忠実度で相補鎖 DNA 中に s を導入し，逆に s は Y を導く．このときこれらの非天然塩基が天然の核酸塩基 A，T，G，C と誤認識されることはほとんどない．さらにこの非天然塩基対は転写過程にも用いることができる．すなわち DNA 上の s は 97 % の忠実度で Y に転写される．残念ながらその逆，つまり DNA 中の Y が RNA 中の s に転写される過程については，まだ十分な忠実度が得られていない．A−T 対と G−C 対に加えてさらに一対の非天然直交核酸塩基対が利用できれば，利用できるコドンの種類は一挙に拡張される．生命体の機能拡張を考えたときの切り札となる手法である．

これまで述べてきたように，DNAポリメラーゼやRNAポリメラーゼの基質認識は，天然の塩基についてはきわめて厳密である反面，非天然塩基についてはかなり甘い．これらの酵素は長い時間をかけてA，T，G，Cだけが存在する環境で進化してきことがその原因であろう．このことは二つの視点を生物有機化学者に示している．第1に，生化学系は進化の過程で経験してこなかった非天然有機化合物，特にアナログに対しては脆弱な防御機構しかもっていないということである．このことは，アナログ化合物を扱う研究者自身が注意するのはもちろんのこと，それらによる環境汚染にも十分注意しなければならないことを示している．第2の視点は，この甘い基質認識を利用すれば生化学系の拡張は意外に簡単だということである．生化学系は有機化学者にかなり広い門戸を開けている．これをうまく利用することによって，創薬や医療への応用が期待できるのである．

3.2.3 核酸アナログ

核酸はA−T，G−Cの塩基対形成に基づいて相補対を形成する．忠実な相補対形成がDNAの複製，mRNAへの転写，mRNAからアミノ酸への翻訳の情報変換の基礎になっている．もし相補対形成がA−T，G−Cの塩基対形成によって支配されているなら，核酸の主鎖はあまり大きな役割を果たしていないのかも知れない．そこで，種々の人工高分子主鎖をもち，核酸塩基を側鎖にもつ核酸アナログやサロゲート，すなわち人工核酸のアイデアが浮かぶ．人工核酸はDNAやRNAと強い相補対を形成するが，容易に生分解しないので，5.2.1項で述べるようにアンチセンス薬として期待できる．

種々の人工核酸の中で天然核酸に近いアナログとして，DNAのリン酸部分の1個の酸素が硫黄原子で置き換わったS-オリゴDNAがある．S-オリゴは生体内酵素分解がかなり抑制されるので，実用的な治療薬として米国のFDA(食品医薬品局)から承認を受けている．ただし図3.7からわかるように，硫黄原子の導入によってリン原子が不斉中心となり，そのため種々の立体構

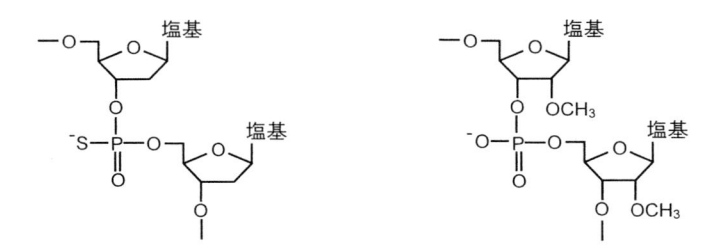

図 3.7 核酸アナログ
S-オリゴ（左）と 2′-メチル RNA（右）

造のものができてしまうという欠点がある．

一方，RNA アナログとして，RNA の 2′ OH 基がメチル化されたものも使用されている．5.2.3 項で紹介する siRNA の研究では，メチル化していないものが 3 日程度しか効果が持続しないのに対し，2′-メチル RNA は 8 日程度持続することがわかっている．これらのアナログは DNA と同様，対応するモノマーを原料として固相合成される．

さらに効率のよいアンチセンス薬を目指して，多くの核酸アナログが合成されている．例えばリボース環にブリッジを導入したアナログ（bridged nucleic acid；BNA）がある（今西ら，1997）．これは，RNA－RNA の二本鎖中で RNA のリボース環が C_3 エンド構造（図 3.8 左）をとっていることに注目し，強制的にそのような環構造をとらせるように設計したものである．予想通り BNA を導入した DNA は RNA と非常に安定な二本鎖を形成する．

C_3 エンド構造

2′-4′ ブリッジの導入により強制的に
C_3 エンド構造をとらせる

図 3.8 リボース環の構造を固定した核酸アナログ

アンチセンス薬はmRNAと対合してその翻訳を阻害する．しかしそれだけなら，細胞に導入されたアンチセンス分子数以上のmRNA分子が産生された場合には効果が減少する．一方，RNAがDNAと相補対を形成すると，細胞内に存在するRNA分解酵素（RNaseH）によってRNAが分解される．もしアンチセンス分子とRNAとの相補対中のRNAもRNaseHによって分解されるならば，アンチセンス分子は繰り返し使用でき，効率よく翻訳の抑制ができる．上で紹介したS-オリゴなどは核酸の基本構造を残しているため，それらとRNAとの相補鎖がRNaseHによる分解を受ける利点がある．BNAも，DNA中の数ヶ所に導入するだけなら，それとRNAとの相補対はRNaseHによって分解される．

3.2.4　核酸サロゲート（ペプチド核酸）

生体内酵素分解をまったく受けない核酸誘導体として，ポリアミド基本骨格をもつ人工核酸が合成され，ペプチド核酸（PNA）と名づけられた（Nielsenら，1991）．ただしPNAは酸性基をもたないので，この命名は化学的には間違いである．PNAの主鎖構造は核酸のリン酸ジエステル構造とはまったく異なっているので，これらは核酸サロゲートと呼ぶべきであろう．PNAはペプチドの一種であり，固相ペプチド合成法によって作製される．

PNAは主鎖構造がまったく異なるにもかかわらずDNAやRNAに誤認識され，それらと相補対をつくる．一方，蛋白質分解酵素や核酸分解酵素には認識されないのでほとんど生体内分解を受けない．PNAのさらに大きな特徴は主鎖に負電荷をもたないことにある．負電荷をもつDNAやRNAの対合は鎖間の電荷反発と拮抗している．生理条件では150 mM以上の塩濃度があり，そのため電荷間反発が弱くなるので対合できるのである．一方，PNA－DNAの相補対形成には反発力が働かないので，天然の核酸よりかなり強く相補対形成をする．これは図3.9の融解曲線からも明らかである．DNA（A_{12}）－DNA（T_{12}）の相補対が約31℃で融解してしまうのに対し，PNA（A_{12}）－

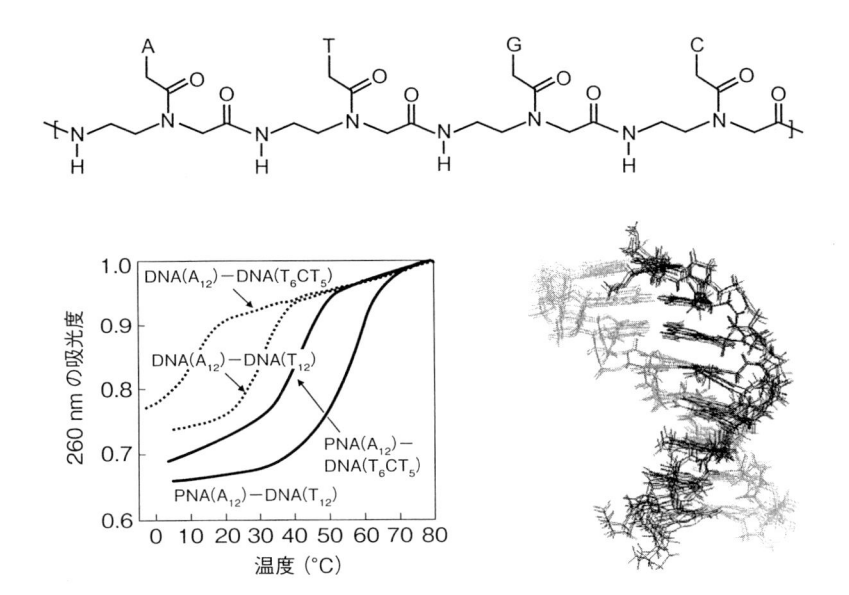

図 3.9 PNA の化学構造式（上），DNA との相補対形成の温度依存性（下左），および NMR から推定された DNA との二本鎖構造（PDB ID:1PDT）（下右）

下左図は PNA（A_{12}）とそれに相補的な DNA（T_{12}）との等モル混合物の相補対の融解曲線を示す．融解温度は PNA–DNA 相補対の方が DNA–DNA 相補対より 20 ℃ 程度高く，前者の方が強く結合していることを示している．また DNA に 1 塩基のミスマッチを挿入すると，融解温度は大きく低下する．下右図は NMR から推定された PNA（濃い鎖）–DNA（薄い鎖）の二本鎖構造．図 1.3 に示された DNA 同士の二本鎖よりゆるいらせん構造であることがわかる．

DNA（T_{12}）相補対は 53 ℃ まで安定である．このように安定性という面だけを取り上げれば，人工化合物が天然化合物の機能を凌駕している．さらに PNA は天然の DNA や RNA と同等かそれ以上の塩基配列識別能を示す．同じ融解曲線で示されているように，12 量体 DNA 中に 1 塩基のミスマッチを導入するだけで，融解温度は 10 ℃ も低下してしまう．ただし，負電荷をもたないことは PNA の水溶性の悪さや細胞導入の難しさという欠点にもつながっている．これらの点を改良するためにさらに主鎖構造の改良が現在でも続けられている．

図3.10 DNA三本鎖の塩基対

二本鎖中のワトソン-クリック型水素結合（W-C）だけでなく，フーグステン型（Hou）と呼ばれる水素結合対もつくっている．C-G-Cの三重鎖では1個のCはイオン化している．人工塩基Jは三重鎖を安定に形成する．

PNAはDNAと非常に強く結合するので，二本鎖DNAを部分的に解離させてその間に入り込むことができる．これをストランド間侵入と呼ぶ．特にピリミジン塩基（T, C）が多いPNA鎖2本と，プリン塩基（A, G）が多いDNA鎖1本からは安定な三重らせんができる．これは図3.10のように普通のワトソン-クリック（W-C）型水素結合だけでなく，フーグステン（Hoogsteen；Hou）型と呼ばれる水素結合もつくることができるからである．

負電荷間の反発のため天然のDNAでは三本鎖形成は非常に起こりにくい．しかし電荷をもたないPNA鎖2本とDNA鎖1本との三本鎖形成は容易に起こり，安定である．そのため，すでに二本鎖を形成しているDNA鎖（ストランド）の間に2本のPNAが侵入して三本鎖が形成される．このストラ

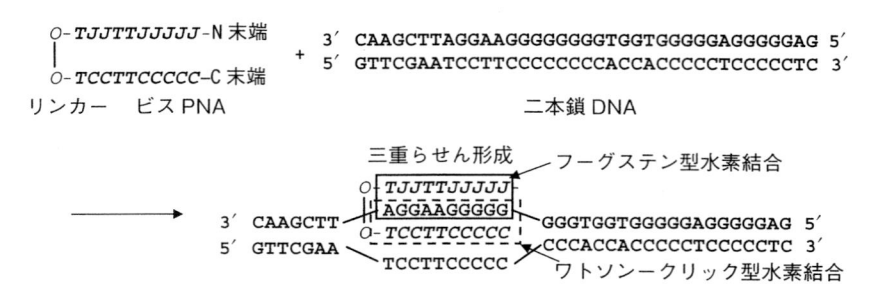

図3.11 ビスPNAを用いた二本鎖DNAへのストランド間侵入と三重鎖形成

3.2 バイオ誤認識分子　　　　　　　　　　　　　　　　　　　81

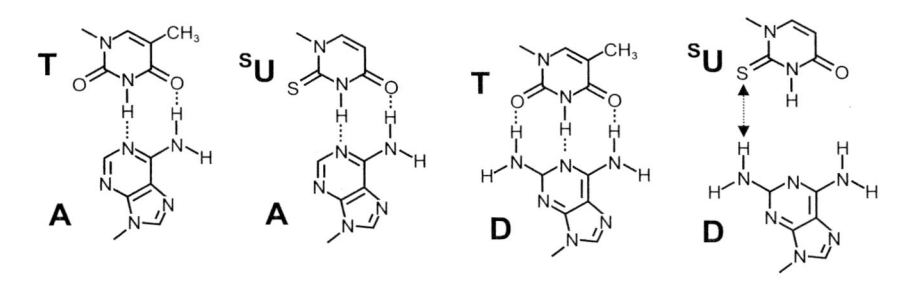

図 3.12　擬相補対を形成する非天然塩基
D は A の代わりに T と対合し，ˢU は T の代わりに A と対合する．しかし D–ˢU の対合は起こらない．

ンド間侵入と三本鎖形成を利用した二本鎖 DNA の転写や複製の阻害をアンチジーン法と呼び，上で紹介した一本鎖 RNA を対象とするアンチセンス法とは区別している．例えば，ピリミジン塩基（C, T, J）だけをもつビス PNA を，それに相補的なプリン塩基の配列をもつ DNA に加えると，図 3.11 のような三本鎖を形成する．

　図のストランド間侵入では，リンカーで連結された 2 本の PNA を三重鎖の形成に用いていた．アンチジーンを達成する別の方法として二本鎖 DNA のそれぞれの鎖に相補的な PNA を使い，2 本の二重鎖をつくらせることが考えられる．しかしこの場合に必要となる 2 本の PNA は，それら自身が互いに相補的であり，PNA 同士の相補鎖形成の方に進んでしまう．この問題は，A–T の代わりに ˢU（2-チオウラシル）–D（ジアミノプリン）の擬相補対を導入することで解決できる（図 3.12）．

　すなわち，ˢU は T の代わりに A と対合し，また D は A の代わりに T と対合する．しかし，D–ˢU の対合は立体反発のため起こらない．これらの非天然塩基対を導入した擬相補的 PNA を用いることにより，二本鎖 DNA にストランド間侵入し，2 本の DNA–PNA 相補鎖に置き換えることができる（図 3.13）．

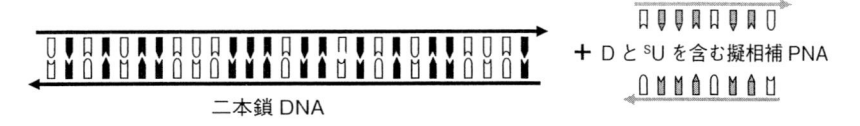

図 3.13 非天然塩基である ^sU–D 対をもつ擬相補 PNA はそれ自身は対合できないが，対応する DNA とは強く対合するので，ストランド間侵入が起こる．

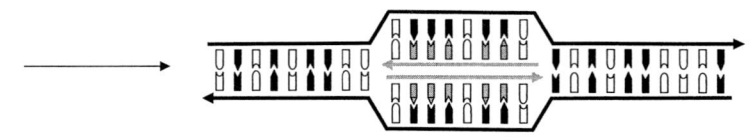

PNA のように生体分子のアナログともいえない人工分子が，生化学系や生きた細胞中で機能することは驚くべきことである．PNA は天然の生体分子を超える生化学機能を人工化合物が与えうることを実証した点で，大きな意義をもっている．

3.2.5 人工機能をもつ核酸サロゲート

さらに人工的な機能をもつ核酸サロゲートとして，RNA 構造の側鎖をもつペプチド RNA（PRNA）（図 3.14）が合成されている（和田ら，2000）．

PRNA は単に DNA/RNA 結合能をもつばかりでなく，その結合解離を外部制御できる特徴をもっている．PRNA を含む溶液にホウ酸塩を添加すると，

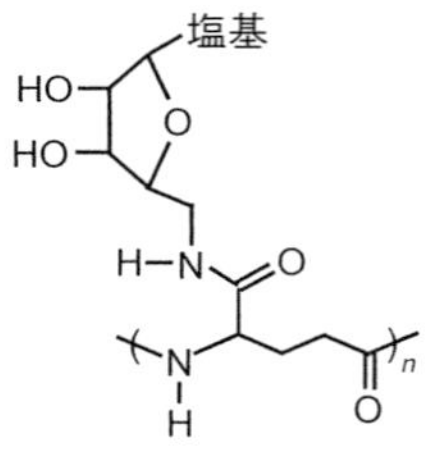

図 3.14 ペプチド RNA（PRNA）

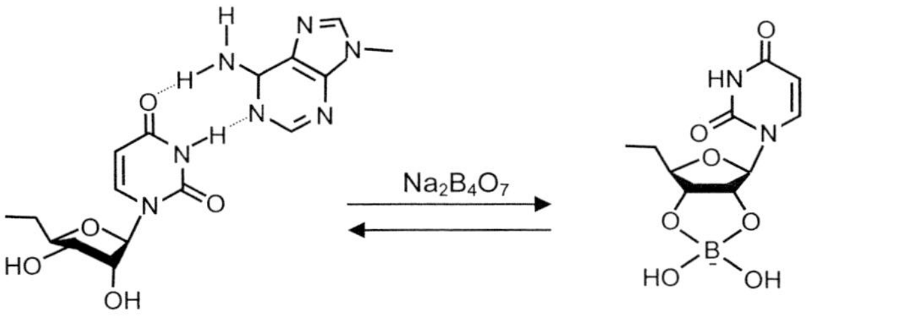

3.2 バイオ誤認識分子　　83

ホウ酸塩が存在しないときは *anti* 配置で U−A が形成される．　　ホウ酸塩が存在すると塩基配向が *syn* 配置に変わり対合しなくなる．

図 3.15　ホウ酸塩添加による対合の制御

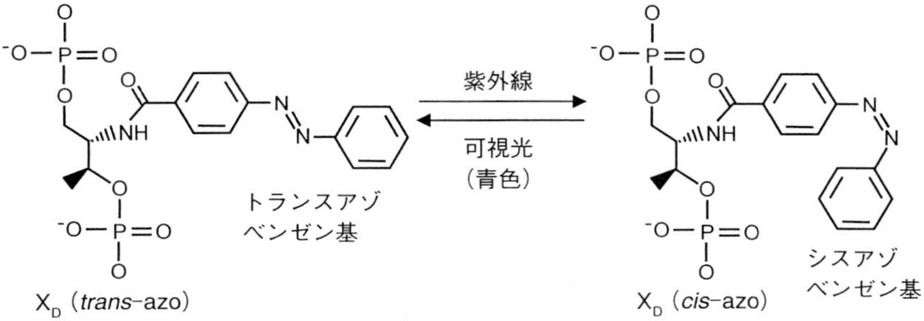

図 3.16　核酸塩基のサロゲートとしてのアゾベンゼン基とその光異性化

　リボース環の隣接する OH 基にホウ酸が結合し，環の構造が塩基対形成に適した *anti* 配向から，塩基対形成ができない *syn* 配向に変化してしまう．この性質を利用した二本鎖形成の制御が可能である（図 3.15）．
　DNA の相補鎖形成を光で制御することもできる（浅沼ら，2001）．まずアゾベンゼン基を核酸塩基の代わりにもつ化合物が合成された（図 3.16 左）．このアナログユニットを DNA の主鎖中に導入してもほとんど本来の塩基対形成を妨げない．それどころかトランスアゾベンゼン基が塩基間に入り込んで（インターカレーションして）相補対が安定化する（図 3.17）．ところがアゾベンゼン基に紫外線（約 330 nm）を照射してシス体にすると相補対は不安

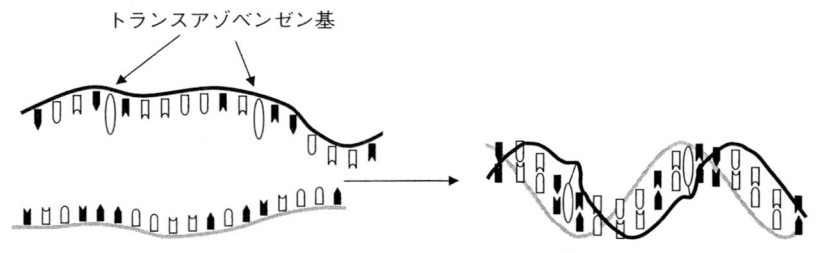

図 3.17 トランスアゾベンゼン基を余分の塩基として含む核酸誘導体は，アゾベンゼン基がインターカレーションして二本鎖を安定化させる．シスアゾベンゼン基の場合は不安定化させる．

定になった（図3.16右）．この性質を利用して相補対形成を光制御することができる．

DNA中の特定の配列を認識してそれを切断する酵素を制限酵素といい，遺伝子操作の基本ツールとして使用することは，すでに第2章で説明した．一般にDNAやRNAは化学的には安定なポリエステルで，酵素以外の方法で切断することは困難である．しかし4価のセリウムイオンCe(IV)は，きわめて例外的に一本鎖DNAやRNAの切断能をもつことがわかった（小宮山ら，2003）．例えばpH 7.5，94℃，0.3 mM Ce(IV)-EDTAの条件で100 ngの環状一本鎖DNAが約30秒で切断される．ただしこのとき切断位置はほとんどランダムである．しかしCe(IV)イオンによる切断が一本鎖に特異的なこと，および擬相補PNAが特定のストランドに侵入すると部分的に一本鎖をつくること（図3.13で少し鎖長の異なるPNAを使うと，その部分のDNAが一本鎖になる）を組み合わせると，Ce(IV)イオンでも特定の位置で切断することが可能である．天然の制限酵素では6塩基対程度の配列を認識して切断するので，長い遺伝子の場合，複数の切断位置が存在することが多い．すなわち天然の制限酵素では望まない位置でも切断が起こってしまうこ

とがある．Ce（IV）イオン-擬相補 PNA 系ではかなり長い配列を認識してそこだけで切断できるので，天然より応用範囲の広い人工制限酵素として使用できるだろう．この例も人工物の機能が天然物を凌駕した例である．

PNA はまったく人工的な分子である．また Ce イオンは天然の生化学系では大きな役割を果たしていない．これらが，部分的ではあるが，天然物を超える機能を示すことは，生物有機化学者を大いに勇気づけるものである．

3.2.6 核酸塩基をもたない核酸サロゲート

PNA の場合，主鎖は人工高分子であったが側鎖には天然あるいは類似の核酸塩基が結合していた．一方，核酸塩基すら使わない人工的な核酸結合分子が存在する．天然の抗生物質ディスタマイシン A の類縁化合物である，ピロール（Py）-イミダゾール（Im）ポリアミドは DNA の特定の配列に結合することが知られている（Dervan ら，1997）．この分子は簡単な構造でありながら，大まかには図 3.18 のような規則で二本鎖 DNA の特定の配列のマイナーグルーブに結合する．すなわち二本鎖の（G-C）対には（Im-Py）対，

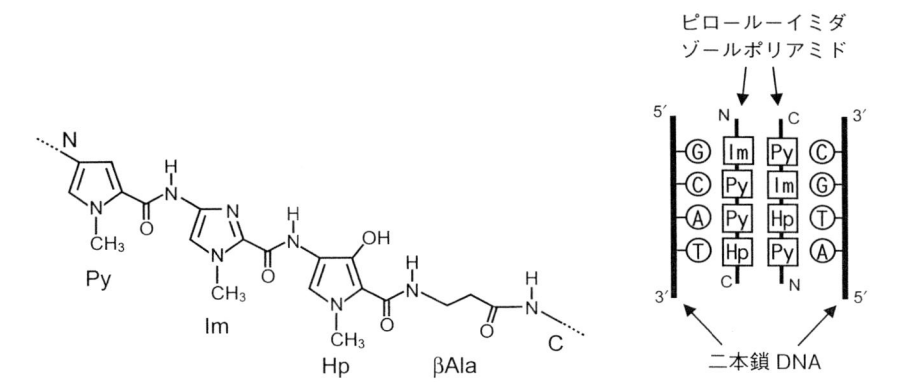

図 3.18　ピロール-イミダゾールポリアミドの構造と，二本鎖 DNA 配列への結合規則（Py = ピロール，Im = イミダゾール，Hp = ヒドロキシピロール，βAla = ベータアラニン）

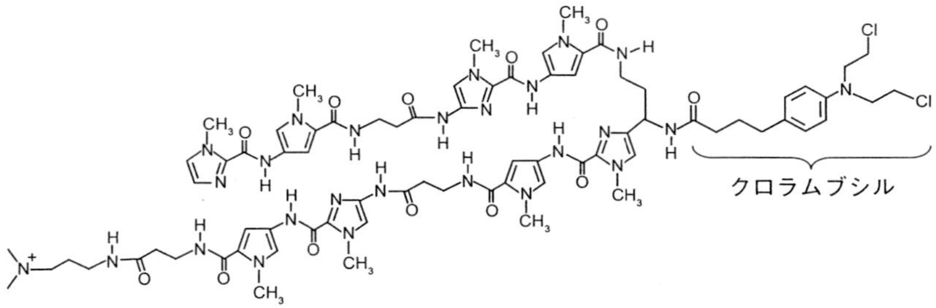

図3.19 SV40を標的とし，それをアルキル化するピロール－イミダゾールポリアミド

(C－G) 対には (Py－Im) 対，(A－T) 対には (βAla－βAla) 対などが対応する．この対応則を用いると，いろいろな二本鎖に結合するポリアミドを設計することができる．例として，SV40として知られるウイルスDNAを抑制するポリアミド分子について紹介しよう．

このポリアミドはSV40中の

$$5'\text{-AGCTGCTTA-}3'$$
$$3'\text{-TCGACGAAT-}5'$$

の相補配列に結合するように設計されている．またその折れ曲がり部分にDNAアルキル化剤として知られているクロラムブシルが結合している．実際この分子はこのターゲット配列だけに結合し，クロロエチル基が核酸塩基をアルキル化することによってDNA分子を架橋させることができる．

このように，特定のDNA配列に結合する分子と反応性分子とを複合体化することにより，病気の原因となる特定の配列だけに反応してその機能を阻害する医薬品が設計できる．

3.2.7 DNA結合低分子

低分子化合物ではあるが，二本鎖DNAに特異的に結合する分子が知られている．エチジウムブロミド (EtdBr) は二本鎖DNAやRNAに結合して蛍光を発するので，ゲル電気泳動した後にDNAやRNAを検出，定量するの

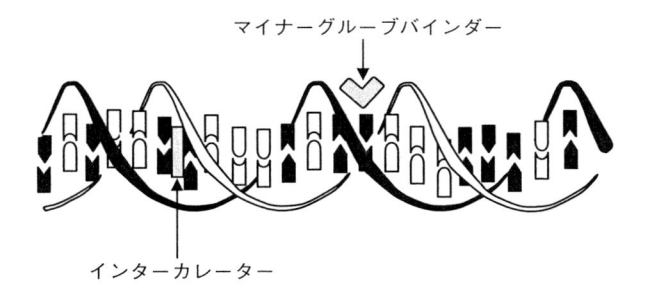

図 3.20　二本鎖 DNA に結合する分子
インターカレーターとマイナーグルーブバインダー.

によく用いられている．EtdBr は二本鎖中でスタッキングした核酸塩基の間に入る（インターカレーションする）ことによって二本鎖に結合することがわかっている．このような DNA 結合分子をインターカレーターと呼ぶ．

　一方，DNA 二重らせんのマイナーグルーブに結合する分子があり，マイ

ナーグルーブバインダーと呼ばれている．典型的な例は，上述のピロールーイミダゾールポリアミドの発想のもとになったディスタマイシンAである．このほかにも二本鎖DNAに特異的に結合する種々の有機化合物が知られている．

これらのDNA結合分子は複製や転写などのDNAの機能を抑制するので，それらが活発ながん細胞の増殖を抑制する．すなわちがん治療薬になる．ただしその機構からすぐにわかるように，これらの薬はがん細胞だけでなく正常な細胞の機能も抑制してしまうため，強い副作用がある．がん細胞だけに作用する標的治療薬の登場が待たれるところである．

3.3 蛋白質生合成系に組み込まれるアミノ酸アナログ

3.2節で述べたように，DNA合成酵素やRNA合成酵素は非天然塩基（対）については簡単に誤認識してしまう．人工分子に対する認識の甘さはアミノ酸についても当てはまる．第1章で学んだように，蛋白質生合成機構（セントラルドグマ）においてアミノ酸を識別する過程は，tRNAに特定のアミノ酸を結合させるアミノアシル化の過程だけである．それ以後の過程，すなわちアミノアシルtRNAとEF-Tuとの結合や，アミノアシル化されたtRNAのリボソームへの移動などの段階では，厳密なアミノ酸識別は行われない．さらに，tRNAのアミノアシル化を行うアミノアシルtRNA合成酵素（ARS）は20種類のアミノ酸についてはきわめて厳格に識別するが，それらと構造の似ているアミノ酸アナログには簡単にだまされてしまう．図3.21に示すいくつかのアミノ酸アナログ（右）は，大腸菌のARSによって対応する天然アミノ酸（左）と間違って認識され，tRNAに担持される．生成したアミノアシル化tRNAはリボソームに導入され，その結果これらのアミノ酸アナログはそのまま蛋白質に組み込まれてしまう．つまりこれらのアミノ酸アナログはなんらの特別な操作なしでそのまま生合成システムに組み込まれ，蛋白

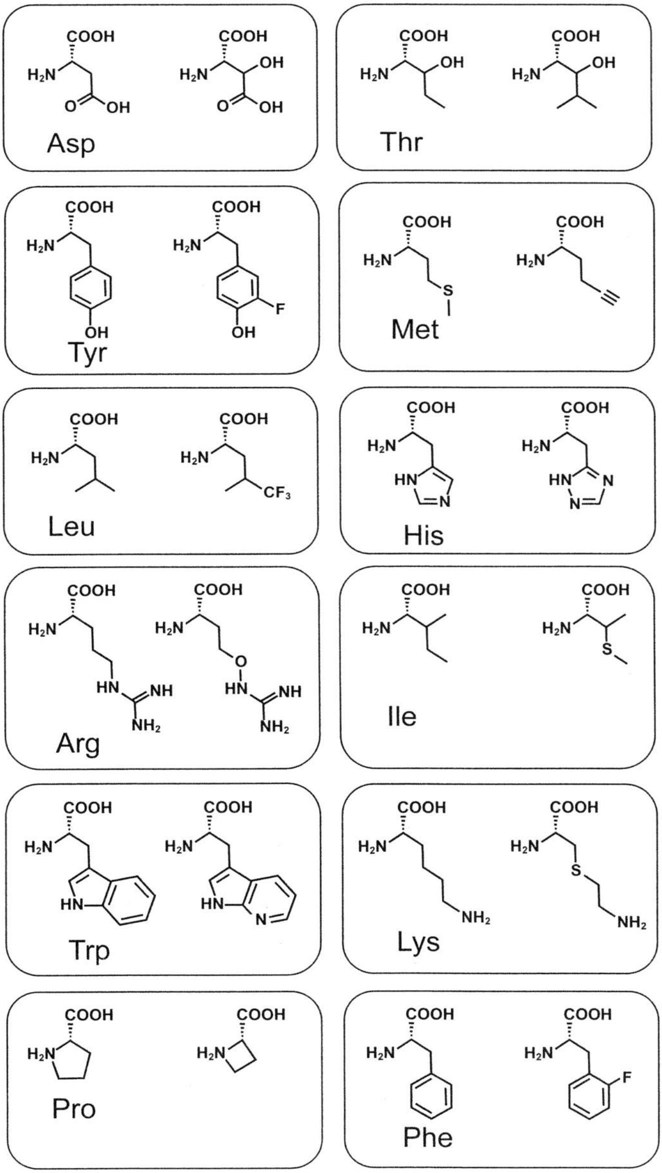

図 3.21 いくつかの天然アミノ酸（左）と，それと誤認識される非天然アミノ酸（右）

質に導入されてしまう．このようなバイオ誤認識アミノ酸アナログは医薬品として利用できる可能性をもっているが，取り扱いを誤ると大変危険な化合物でもある．

アミノ酸誤認識を利用すれば，側鎖に反応基をもつアミノ酸を蛋白質に導入できる．特にバイオ直交反応するような側鎖を利用すれば，種々の機能基を蛋白質に導入することができる．メチオニンサロゲートであるアジドホモアラニン（AHA）はメチオニルtRNA合成酵素（MetRS）に誤認識され，メチオニンの代わりに蛋白質に導入される．導入されたアジド基はプロパルギル基をもつ化合物とバイオ直交反応し，蛋白質の機能化に使われる（**図3.22**）．

メチオニンの硫黄原子がセレンに置換されたセレノメチオニンもメチオニンARSに誤認識される．セレンは重原子でありX線の異常分散を誘起する．したがってそれを蛋白質の特定の位置に導入すると蛋白質の構造解析が非常に容易になる．メチオニンの代わりにセレノメチオニンを導入した培地を用い，メチオニンを自分では作製できない大腸菌を培養する．するとこの大腸菌で作製された蛋白質中のすべてのメチオニンはセレノメチオニンに置き換わる．このようにして作製されたセレノメチオニン置換蛋白質を用いた蛋白質X線構造解析は，最近では普通に行われている．

ARSに誤認識されるアミノ酸は天然のアミノ酸によく似たものに限られており，特殊な機能側鎖をもつ非天然アミノ酸などは導入できない．第1章

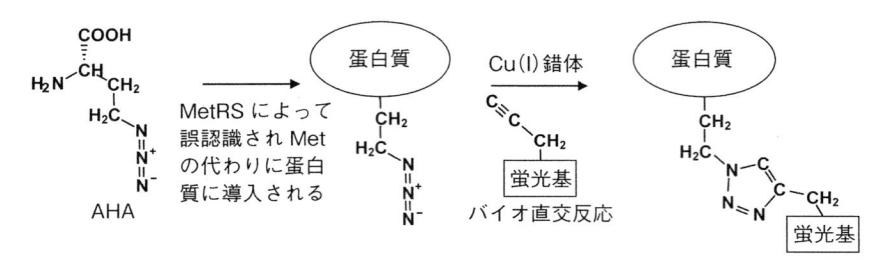

図3.22 メチオニンと誤認識されるアジドホモアラニン（AHA）を蛋白質に導入すれば，バイオ直交反応によって種々の機能基を蛋白質に導入できる．

で述べたように，アミノ酸から蛋白質に進む過程は，（1）tRNAのアミノアシル化，（2）アミノアシル化 tRNA の EF-Tu によるリボソームへの導入，および（3）リボソーム中のペプチド結合形成，の3段階である．一応それぞれの段階でアミノ酸の識別は行われるが，特にアミノアシル化 tRNA 合成酵素（ARS）によるアミノ酸選別は厳密で，蛍光基などかさ高い側鎖をもつアミノ酸はこの段階でほとんど除外されるのである．そのために蛋白質に導入できるアミノ酸アナログはかなり限られたものになっている．より大きな機能側鎖をもつアミノ酸の導入については第4章で述べる．

3.4 バイオ直交分子

3.4.1 バイオ直交反応

生化学系に導入された人工分子AやBが系中の生体分子とは反応せず，AとBの間だけで特異的に反応するとき，それらをバイオ直交分子対と呼ぼう．バイオ直交反応や相互作用は生化学系を有機化学的に拡張するうえで特に重要である．バイオ直交条件は大変厳しい条件であり，これを完全に満たすものは少ない．しかし人工のバイオ直交分子対が見いだされると，それを用いて種々の人工機能基が蛋白質に位置特異的に導入できる．例えば FlAsH として知られる蛍光基導入反応では，蛍光分子がシステインを含む特定のアミノ酸配列とだけ特異的に結合する（図3.23）．この例では生成物だけが蛍光性をもつので，細胞内での蛋白質の蛍光標識に有用である．

生体内で使用できるほかのバイオ直交反応として，アジド基とトリフェニルホスフィンとの間の Staudinger 反応がある（図3.24）．上述の AHA 導入蛋白質に Staudinger 反応を適用すると，種々の機能基を蛋白質に位置特異的に導入することができる．

SH 基は天然のバイオ直交反応基であり，酸化的に S−S 結合を形成する．蛋白質のシステイン側鎖として導入された SH 基は酸化的条件で近傍の

蛋白質末端の Cys-Cys-Xaa-Xaa-Cys-Cys 配列

図 3.23 Cys-Cys-Xaa-Xaa-Cys-Cys 配列と特異的に反応する蛍光基
反応物だけが蛍光を示すので，反応剤を除去することなく細胞中の特定の蛋白質だけを蛍光標識できる．

図 3.24 バイオ直交性を示す Staudinger 反応

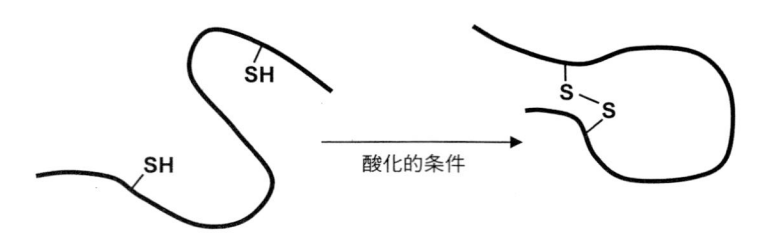

図 3.25 システインの SH 基は酸化的条件で S-S 結合をつくり，蛋白質の架橋を引き起こす．

SH 基と特異的に反応し，蛋白質を架橋する（図 3.25）．S-S 結合で架橋された蛋白質の主鎖構造は安定である．例として西洋わさびペルオキシダーゼの構造を示す．この構造は 4 個の分子内 S-S 架橋によって安定化されてい

3.4 バイオ直交分子   93

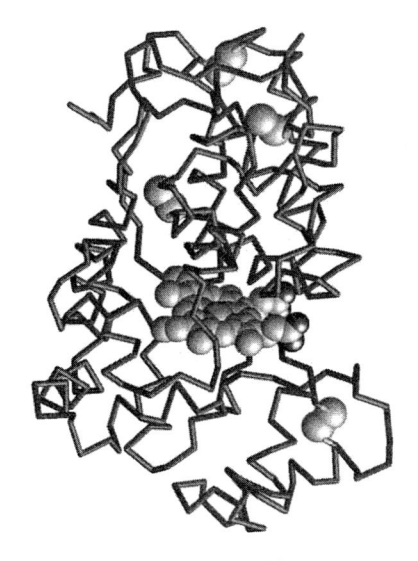

図 3.26 4 個の S–S 結合で架橋された西洋わさびペルオキシダーゼの構造
（PDB ID:1ATJ）

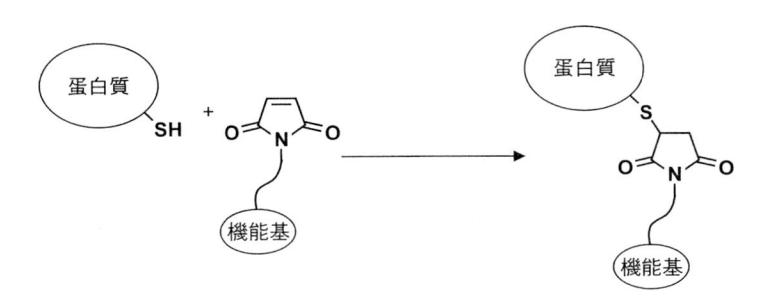

図 3.27 蛋白質中の孤立した SH 基はマレイミド基とバイオ直交的に反応し，
機能基の導入に使われる．

る（図 3.26）．

　S–S 結合を生成できない SH 基はバイオ直交反応基として利用できる．例えば蛋白質中で孤立した SH 基はマレイミド基と特異的に反応するので，蛋白質の位置特異的修飾によく用いられる（図 3.27）．

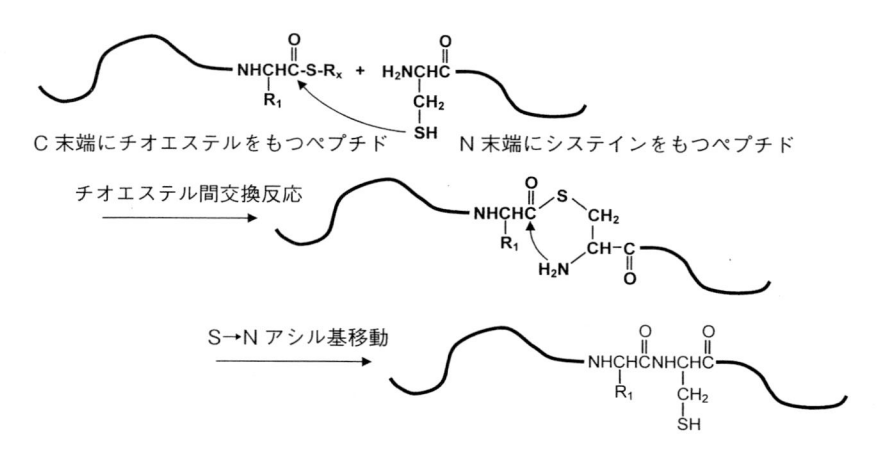

図 3.28　Native Ligation 法
C 末端にチオエステルをもつペプチドと N 末端にシステインをもつペプチドとは特異的に結合して長鎖ペプチドが生成する．

SH 基のバイオ直交反応性を巧みに利用したのがケント（Kent）の Native Ligation 法である（図 3.28）．これは C 末端にチオエステルをもつペプチドフラグメントと N 末端にシステインをもつペプチドフラグメントとが特異的に反応するペプチド延長反応である．この反応はそれぞれのフラグメント中に遊離の SH 基があっても正しく進む．Native Ligation 法によれば，化学合成した比較的短いペプチドをつなぎ合わせて，高分子量蛋白質を合成することが可能である．

3.4.2　生体由来のバイオ直交相互作用

生化学系の分子認識の多くはバイオ直交性を保っている．核酸塩基間の相補認識は細胞中で最も簡単，確実に直交性が達成できる相互作用である．10 量体のオリゴマーでその多様性は 4^{10} 種類，すなわち約 100 万種類もあり，遺伝情報が塩基配列に書き込まれている理由がよくわかる．核酸塩基の認識を利用した人工機能導入についてはすでに詳しく述べているので，ここでは

3.4 バイオ直交分子

これ以上言及しない.

核酸の相補対認識に比べると一般性に欠けるが,多くの蛋白質-蛋白質相互作用や蛋白質-低分子リガンド相互作用もバイオ直交性である.ビオチン(低分子リガンド)-アビジン(ストレプトアビジン)(蛋白質)相互作用は研究によく使用されるバイオ直交蛋白質-リガンド相互作用である.ビオチン-ストレプトアビジンの結合は生体分子系でも最も強くかつ特異的なものといわれている(図3.29).その結合定数は$10^{15}\,\mathrm{M}^{-1}$のオーダーにも達する.この相互作用が特に有用な理由は,ビオチンが遊離の酸をもっており,そこに蛍光基,ペプチド,酵素などの種々の機能基や蛋白質を結合させてもなお

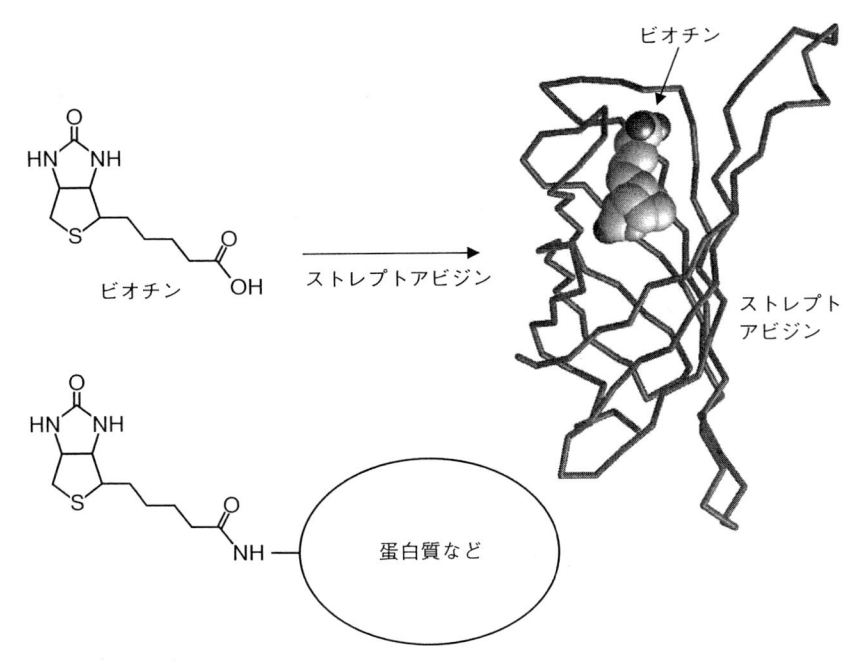

図 3.29 ビオチン(上)およびビオチン誘導体(下)の
ストレプトアビジンへの結合 (PDB ID:1STP)

実際にはストレプトアビジンは4量体として存在し,それぞれのユニットにビオチンが結合する.

ストレプトアビジンに特異的に結合することにある．このことを利用して，ビオチン－ストレプトアビジンの組み合わせは蛋白質の選択や精製に多用されている．

完全なバイオ直交性とはいえないが，His タグと Ni あるいは Co 錯体の組み合わせが蛋白質の精製に用いられることもすでに 2.2.2 項で説明した．このほかにもいくつかのバイオ直交性の蛋白質－リガンド相互作用が知られているが，ビオチン－ストレプトアビジン以上の結合定数をもつものは見いだされていない．

3.5 バイオ直交機能分子としての抗体

3.5.1 ペプチド特異的モノクローナル抗体

抗体は哺乳類のような高等生物がつくる蛋白質で，外部からの異物（抗原＝細菌や蛋白質など）に強く結合する性質をもっている．通常は 1 種類の抗原に対して複数種類の抗体が生成される．モノクローナル抗体は抗原と強く結合する 1 種類の蛋白質だけを人為的に作製したもので，その作製も容易であることから研究ツールとして使用されることが多い．それらは外部から侵入した化合物だけを認識する特異性と，$10^9\,\mathrm{M}^{-1}$ にも及ぶ高い結合定数をもっている．多くの人工抗原について，バイオ直交的にそれだけを結合する抗体をオーダーメードで作製することができる．細胞内で使えるバイオ直交抗原抗体対として，いくつかのペプチドに対する抗体が市販されている．例えば FLAG 配列 Asp-Tyr-Lys-Asp-Asp-Asp-Asp-Lys をもつペプチドに対する抗体は，結合定数が大きく配列特異性も高い．細胞内で蛋白質を発現させたとき，その末端に FLAG 配列を導入しておくと，蛍光標識した抗 FLAG 抗体を用いてそれを検出，定量することができる．抗 T7 タグ抗体の利用については 2.2.4 項で説明した．このような抗原ペプチド－抗体の組み合わせはほかにもいくつか知られている．

3.5　バイオ直交機能分子としての抗体　　　　　97

　抗体は高等動物がもっている生体防御系の基幹となる蛋白質で，リンパ細胞の一種であるB細胞によって産生される．その仕組みは非常に複雑であるが，おおよそ次のように理解される．外部から異物となる蛋白質や小粒子が体内に入ると，捕食細胞に捕らえられる．これらの分子は捕食細胞中で小さなペプチドなどに分解されてから，細胞表面に抗原として提示される．提示された抗原はいくつかの段階を経てB細胞に読み取られ，抗原に結合する抗体だけが産生される．抗原と最も強く結合する抗体を産生するB細胞を取り出し，それを大量培養して大量の抗体を作製したものがモノクローナル抗体である．現在ではモノクローナル抗体の作製はある程度の技術習得で比較的容易にできるようになっている．そのため生物有機化学のツールとしてもよく使われるようになっている．

3.5.2　触媒抗体

　抗体の化学的利用で有名なのが触媒抗体である．一般に化学反応は，反応前の状態から最も自由エネルギーの高い遷移状態を経て，生成物へと変化する．反応速度は遷移状態の自由エネルギーの高さに依存するので，何らかの方法でその自由エネルギーを下げると反応を加速することができる．反応の遷移状態に結合する抗体なら，その遷移状態を安定化させることが可能かもしれない．そこで遷移状態によく似た分子を低分子抗原（ハプテン）として抗体を作製し，その抗体を触媒として用いることが行われている．

　例えば，カルボン酸エステルの加水分解の遷移状態は酸に水分子が結合した4面体構造をとるsp^3状態である（図3.30）．そこで，炭素のsp^3状態とよく似た4面体構造をもつリン酸エステルを抗原として抗体が作製された（図3.31）．この抗体はカルボン酸エステルに結合し，その加水分解の遷移状態を安定化する（図3.32）．その結果，加水分解が大きく加速されることがわかった．このように遷移状態を安定化するように設計された抗体を触媒抗体と呼ぶ．

図 3.30　カルボン酸エステルの加水分解機構

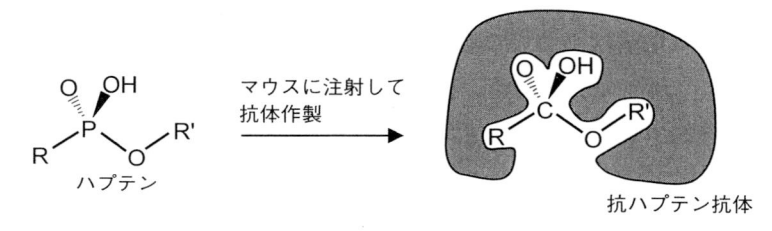

図 3.31　カルボン酸エステル加水分解の遷移状態に似た構造をもつリン酸エステルをハプテンとする抗体の作製

図 3.32　リン酸エステルをハプテンとする抗体によるカルボン酸エステルの加水分解加速作用

　エステル加水分解のほかにも，様々な反応を加速する触媒抗体が作製されている．ただし，望む性質をもつ抗体がいつでも必ず得られるわけではない．数多くの抗体から望む性質の抗体を根気よく選別することによって，初めて効率の高いものが得られるのである．

3.5.3 人工機能分子に対する抗体

抗体はバイオ直交性であり,種々の人工機能をもつバイオ直交化合物に対する抗体の作製により,それらの機能を生体中にもち込むことができる.

例えば,光異性化するアゾベンゼン基をもつペプチドに対する抗体がマウスを用いて作製されている(図 3.16 参照).アゾベンゼン基はマウス体内ではトランス構造をとっているので,作製された抗体はトランス体だけを認識する.トランスアゾベンゼン基をもつ抗原が結合した抗体溶液に紫外線 (340 nm) を照射すると,抗原はシス体に異性化する.シス体はもはや抗原ではないので,抗体から脱離する.この原理で抗原抗体反応を光制御することができる(図 3.33).

抗原の結合解離を光制御することによって,種々の生化学反応が光制御できる.酵素や補酵素にアゾベンゼン基を結合しておき,そこに抗体を共存させる.アゾベンゼン基がトランス体のときは抗体が酵素や補酵素に結合して酵素反応をブロックするが,シス体のときは抗体が結合せず酵素反応が進行する.例えば,種々の酸化還元酵素の電子メディエーターである NAD^+/NADH(NAD:ニコチンアミドアデノシンジヌクレオチド)にアゾベンゼン

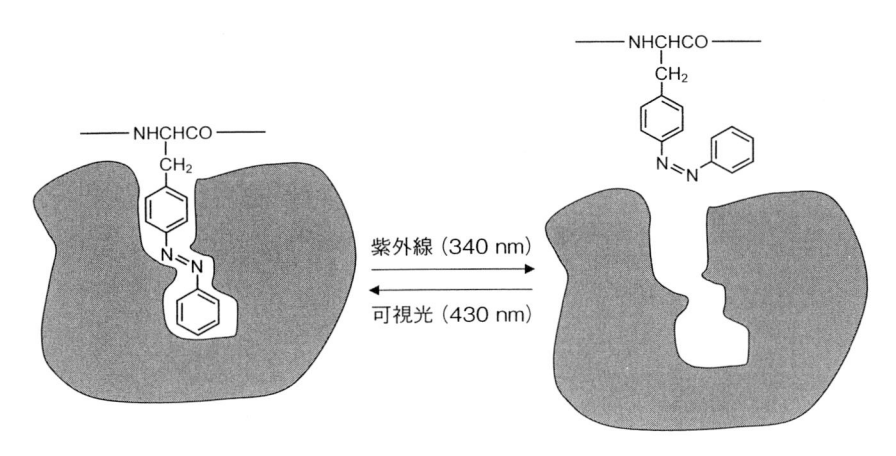

図 3.33 抗トランスアゾベンゼン抗体による抗原抗体反応の光可逆制御

基を結合させた誘導体が合成されている．その電子メディエーション反応は抗トランスアゾベンゼン抗体共存下で光制御できている．

本章ではバイオ誤認識性やバイオ直交性の反応や相互作用に焦点をしぼって解説した．これらが生化学系を有機化学的に拡張するうえで重要な概念であることを理解していただけたと思う．人工生体分子に限って述べるとバイオ誤認識人工分子の例はかなり多いが，バイオ直交人工分子はまだ例が少ない．今後の有機化学者の努力により，さらなるバイオ直交反応系や相互作用系が見いだされていくことを期待したい．

ペプチド固相合成

種々のペプチドは固体ビーズ上でアミノ酸を逐次結合していく方法で合成される．これを固相合成法と呼ぶ（**図3.A**）．ペプチド合成は基本的には(1)縮合剤存在下でN末端保護アミノ酸とC末端保護ペプチドとの反応によるペプチド鎖延長，(2)反応せずに残った保護アミノ酸や余分の縮合剤の除去，(3) N末端の脱保護，(4)脱保護に使った試薬の除去，の4段階の繰り返しである．

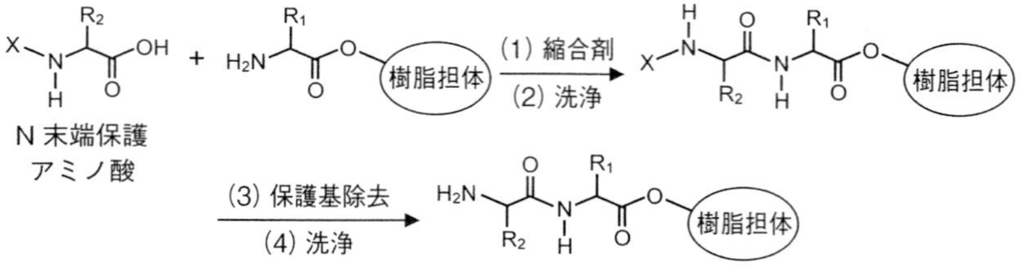

図3.A　ペプチド合成反応

これを溶液中で行うと，(2)や(4)の段階でペプチドを単離精製する必要があり，非常に手間がかかる．そこでペプチドを溶媒に不溶のポリスチレン

図 3.B　ペプチド固相合成に使う樹脂の例（上）とその模式図（下）．実際には 1 個のビーズに約 10^{13} 個の反応点が付いている．

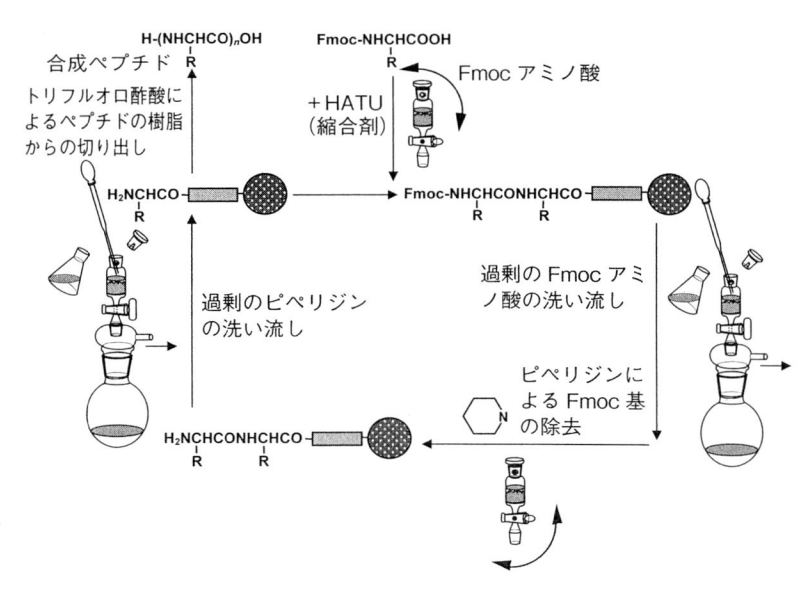

図 3.C　ペプチド固相合成法

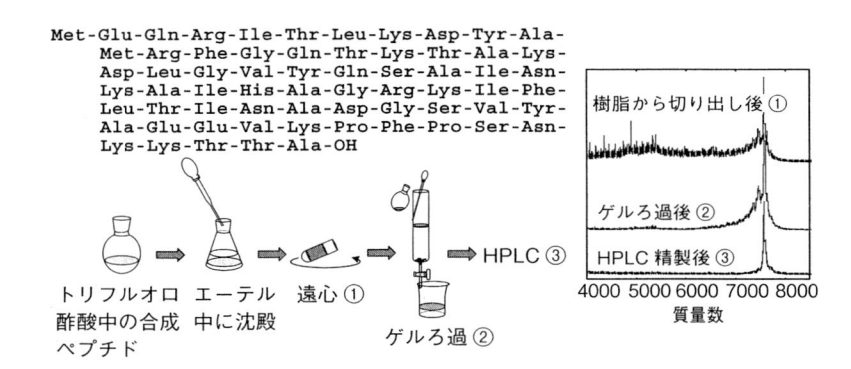

```
Met-Glu-Gln-Arg-Ile-Thr-Leu-Lys-Asp-Tyr-Ala-
Met-Arg-Phe-Gly-Gln-Thr-Lys-Thr-Ala-Lys-
Asp-Leu-Gly-Val-Tyr-Gln-Ser-Ala-Ile-Asn-
Lys-Ala-Ile-His-Ala-Gly-Arg-Lys-Ile-Phe-
Leu-Thr-Ile-Asn-Ala-Asp-Gly-Ser-Val-Tyr-
Ala-Glu-Glu-Val-Lys-Pro-Phe-Pro-Ser-Asn-
Lys-Lys-Thr-Thr-Ala-OH
```

図 3.D 自動合成機によって合成された小蛋白質のアミノ酸配列と精製過程,および質量分析法による純度確認

ビーズに固定しておき,除去すべき成分をフィルター上の洗浄操作だけで除くことが考えられた.固相合成法ではすべてのステップが単純な操作の繰り返しでできるので,コンピューター制御の自動合成機も開発されている.アミノ酸数約 50 個以下のペプチドなら自動合成機で簡単に合成することができる.

　固相合成に用いる樹脂は**図 3.B** のようなものである.

　N 末端保護基としては,ピペリジンで脱保護できるフルオレニルメトキシカルボニル基 (Fmoc 基) を用いることが多い.これらの樹脂,保護基,および縮合剤を用いて,手動でペプチド固相合成を行う手法を**図 3.C** に示す.

　自動合成機を用いて合成したアミノ酸数 66 個のペプチドの精製過程を**図 3.D** に示す.

　自動合成機ではアミノ酸 1 残基当たり 1 時間弱のペースで合成される.66 残基の小蛋白質の場合,全合成に約 3 日弱を要する.またペプチドの樹脂からの切り出し,さらにゲルろ過法や高速液体クロマトグラフィー法による精製に約 3～4 日を要するので,全部合わせると約 1 週間で合成することができる.ただし図 3.D 右の図でわかるように,切り出し直後のペプチドの純度はよくない.ゲルろ過および HPLC による精製と,飛行時間型質量分析装置による確認が必要である.

DNA 固相合成

　DNA の合成もペプチドと同様に，保護基を付けたモノマーをビーズ上で順次結合していく．ただしモノマー（ホスホロアミダイト）は 3 価のリンを含んでおり，これが樹脂上のオリゴマーに結合すると 3 価のトリエステルになる．3 価のトリエステルをヨウ素で酸化して 5 価のトリエステルにし，最後に保護基を酸で脱離させて次のモノマーの結合に備える．

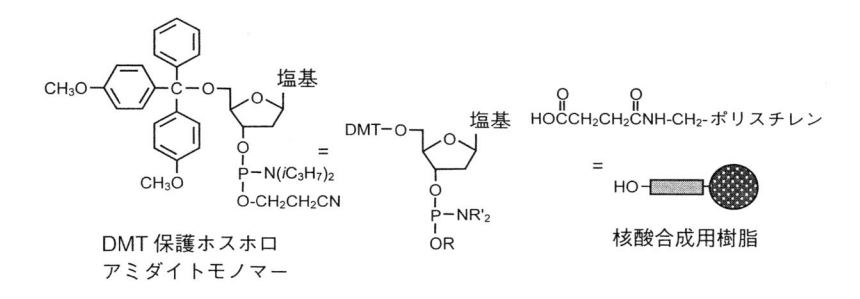

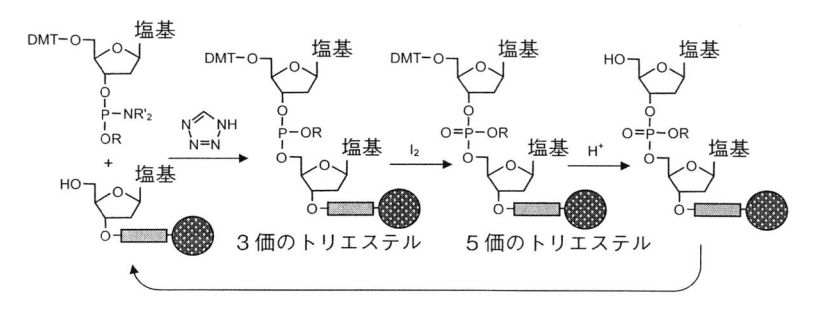

図 3.E　DNA 固相合成の原理

演習問題

[1] 合成アナログ分子および合成サロゲート分子の例を二つずつあげ，それぞれの生体機能を説明せよ．

[2] バイオ誤認識分子およびバイオ直交分子の例を二つずつあげ，その生体機能を説明せよ．

[3] 極微量のDNAから出発して蛍光ラベルされたRNAを大量に得る方法を示せ．

[4] 非天然核酸塩基の導入により多種類の直交コドン−アンチコドン対を用意できれば，どのようなことが可能になるかを考えよ．

[5] 配列のわかったウイルスRNAの機能をアンチセンス法で抑制しようとするとき，実際にはどのようなことが障害になるのかを考えよ．

[6] ポリアミドと二本鎖DNAとの対合の規則を適用して，図3.19のポリアミドがSV40の配列に結合することを確認せよ．

[7] ある種の非天然アミノ酸存在下で細胞を培養すると，細胞が生産する蛋白質にそれらが導入される．20種類のアミノ酸のうち，ある種類のアミノ酸をすべて特定の非天然アミノ酸に置き換えるにはどのような手法が要求されるかを考えよ．

第 4 章　人工生体分子から機能生命体へ
―合成生命体にアプローチする―

　本章では既存の生命体から出発し，そこに新たな生体活性成分として種々のバイオ直交人工分子を追加する例を紹介する．例えば蛋白質に天然のアミノ酸群と直交する非天然アミノ酸を導入すると，生命体に人工機能が付与できるかもしれない．また非天然アミノ酸を蛋白質に導入するためには，非天然核酸塩基によってコドン－アンチコドン対を拡張することが必要になるかもしれない．非天然アミノ酸や非天然核酸塩基が機能する生命体は，20 種類のアミノ酸や 4 種類の核酸塩基という束縛を解かれた新しい生命体（合成生命体）である．合成生命体へのアプローチは，第 3 章で説明したバイオ直交性の概念が活躍する舞台である．

4.1　アミノ酸の拡張に要求されるバイオ直交条件

　天然のアミノ酸に加えて，種々の機能側鎖をもつ非天然アミノ酸を追加し，新しい蛋白質（非天然変異蛋白質）を作製することを考えよう．前章ではこのような非天然アミノ酸として，蛋白質生合成系に誤認識されるアミノ酸を紹介した．しかし誤認識による非天然アミノ酸の導入では，蛋白質中のどの位置に非天然アミノ酸が導入されるかは明らかではない．非天然アミノ酸を 21 番目の独立なアミノ酸として蛋白質に導入するためには，アミノ酸だけを追加するのではだめである．アミノ酸から蛋白質にいたる経路上のすべての因子について，新規のバイオ直交セットを用意する必要がある（図 4.1）．
　バイオ直交セット中の非天然アミノ酸は，天然アミノ酸のために用意されている tRNA や ARS 群とは完全に無関係でなければならない．すなわちこ

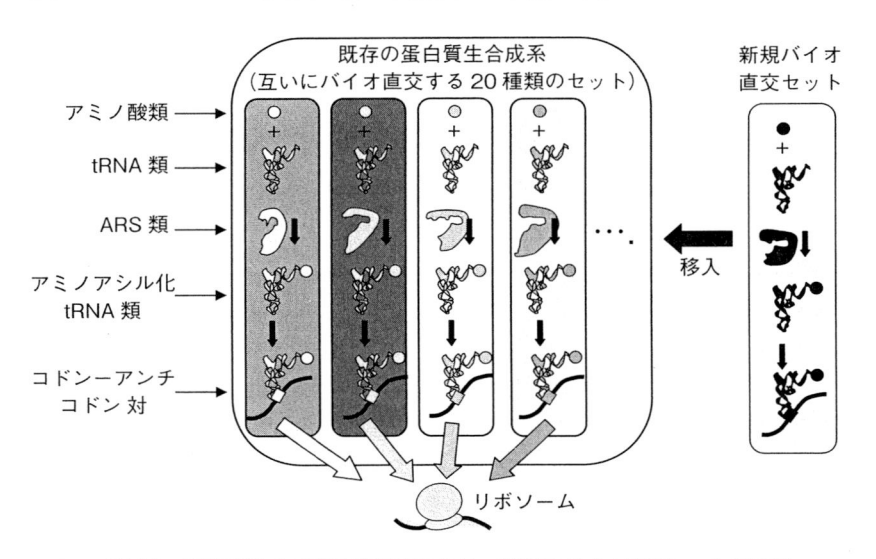

図 4.1　蛋白質生合成系を拡張するには，新規のバイオ直交セットが必要

こで用いる非天然アミノ酸は，前章で紹介した天然のアミノ酸と誤認識されるアミノ酸とは性質が異なるものである．またバイオ直交セット中の tRNA や ARS についても，天然のアミノ酸はまったく受け付けないことが要求される．さらにコドン-アンチコドン対も，既存のコドン表とは直交するものが要求される．これらの要求はきわめて厳しいように思えるが，天然にはそれらを実現している例がある．

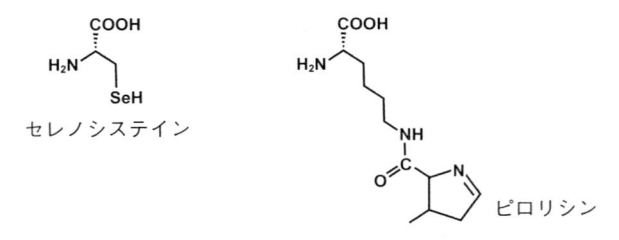

図 4.2　天然に存在する 21 番目および 22 番目のアミノ酸

微量ではあるが天然には21番目のアミノ酸，セレノシステイン（図4.2左）が存在する．

セレノシステインのためにバイオ直交tRNAが用意されており，それにはまずセリンが結合する．tRNAに結合したセリンは酵素によってセレノシステインに変換される．このtRNAはアンチコドンUCAをもっており，mRNA上の終止コドンUGAに結合する．この場合終止コドンは，本来の蛋白質合成停止ではなく，セレノシステイン導入のために転用されている．このように直交アミノ酸であるセレノシステイン導入のため直交tRNAが用意され，直交ARSの代わりにセリン→セレノシステイン酵素が用意され，さらに直交コドンとして終止コドンが使われている．つまり，セレノシステインの導入のためにはバイオ直交セット一式が用意されているのである．最近さらに22番目の蛋白質導入アミノ酸として，ピロリシン（図4.2右）が同定されている．この場合コドンとして別の終止コドンUAGが使われている．

人工の非天然アミノ酸導入のためにも，人工的な直交tRNA，直交ARS，直交コドン－アンチコドン対のセットが必要である．これらは以下のように，生化学的手法と有機化学的手法とを組み合わせて用意される．

4.2 バイオ直交tRNAの探索

バイオ直交tRNAは20種類の天然アミノ酸とは結合しないが，何らかの方法で非天然アミノ酸を結合するとEF-Tuを介してリボソームに入り，そのアミノ酸を蛋白質に導入させるtRNAである（図4.3）．

ある生物種のtRNAは，別の生物種の生合成系では直交している場合が多い．あるいは，少しの改変により直交tRNAとして機能することが多い．ARSのtRNA特異性はきわめて厳格で，認識に関与するいくつかの塩基が異なるとまったく認識しなくなる．ところが生物種によってtRNA－ARS対の構造はかなり異なっているので，別の生物種のtRNAはある生物種では直交

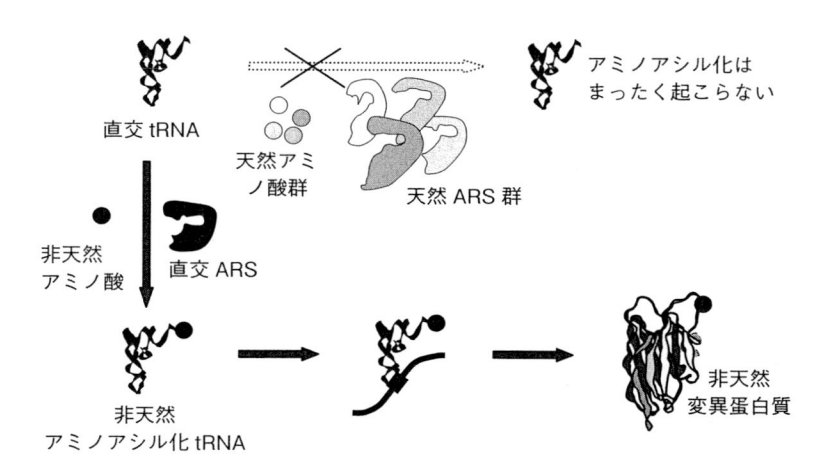

図4.3 バイオ直交 tRNA の概念

tRNA となることが多い．一方，EF-Tu やリボソームは通常 1 種類しかなく，それが広い範囲の tRNA を受け入れている．すなわち EF-Tu やリボソームは異なる生物種の tRNA でも受け入れる可能性が高いのである．例えば，大

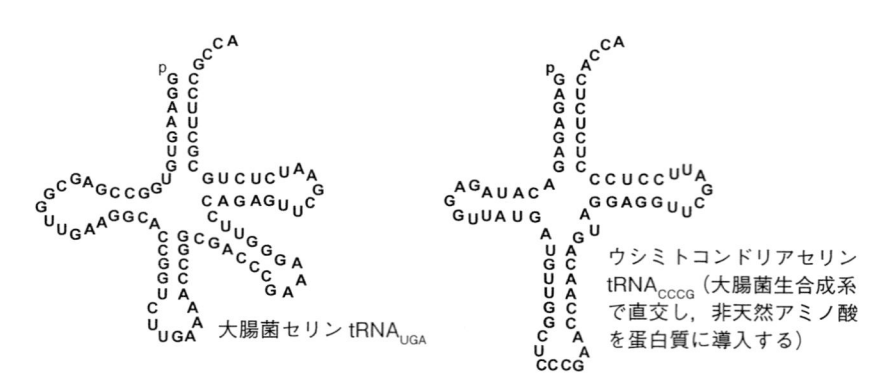

図4.4 大腸菌蛋白質生合成系でセリンの導入に使用されている tRNA（左），およびウシミトコンドリアでセリン導入に使用される tRNA（右）
後者は大腸菌系で直交 tRNA として使用できる．また直交アンチコドンとして 4 塩基アンチコドンが挿入してある．

腸菌の生合成系にウシミトコンドリアのtRNAを移入すると，それらは大腸菌のARS群によるアミノアシル化は受けない（図4.4）．しかしそのようなtRNAに4.3節で述べる方法で非天然アミノ酸をいったん結合すると（非天然アミノアシル化すると），それは大腸菌中でアミノアシル化tRNAとして機能し，結合したアミノ酸を蛋白質に導入する．

4.3 バイオ直交ARSの探索

バイオ直交ARSとは，生合成系中のどのアミノ酸やどのtRNAも基質とはしないが，新たに追加された非天然アミノ酸と直交tRNAだけを基質としてアミノアシル化を行うものである．これはきわめて厳しいバイオ直交条件であり，蛋白質生合成系の拡張において最も困難な段階といえる．以下にアミノアシル化について，現在までに試みられているいくつかの方法を紹介する．

4.3.1 tRNAの試験管中でのアミノアシル化

単離されたtRNAを試験管中でアミノアシル化する場合，ほかのtRNAやARSが存在しないので直交条件は不要である．この場合は簡単なアミノアシル化方法がある（図4.5）．すべてのtRNAは3′末端にCCA配列をもって

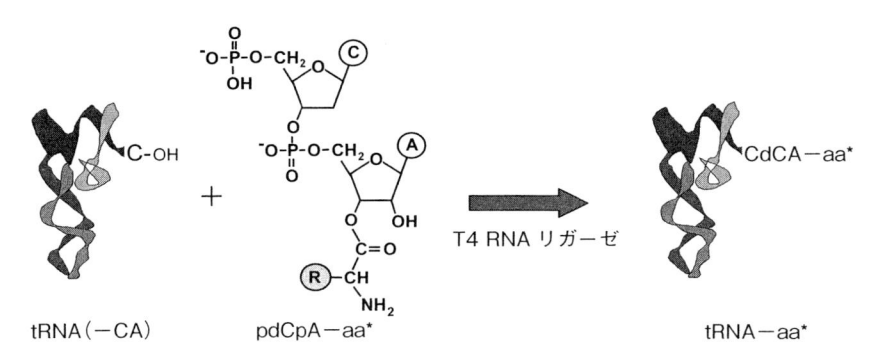

図4.5 単離tRNAの化学的アミノアシル化（aa*＝非天然アミノ酸）

いる．そこからCAユニットを除いたもの［tRNA(−CA)］と，有機化学的に合成したアミノアシル化pdCpAジヌクレオチド（pdCpA−aa*）とを用意する．この両者をリガーゼで結合させると完全長のアミノアシル化tRNAが得られる（Hechtら，1980）．この化学的アミノアシル化法は広い範囲のtRNAや非天然アミノ酸に適用でき，確実にアミノアシル化物が得られる．ただし，RNAリガーゼにはtRNA特異性がないので，生化学系の中で特定のtRNAだけをアミノアシル化することはできない．

理想的には，種々のtRNAが共存している生化学系中で特定の直交tRNAだけを特定の非天然アミノ酸でアミノアシル化する方法が望まれる．これについては以下のようにいくつかの方法がある．

4.3.2　天然のtRNA−ARS対の改変

天然のtRNA−ARS対から出発して変異を導入することによって，大腸菌中で非天然アミノ酸だけを基質にするバイオ直交tRNA−ARS対が作製されている（Schultzら，2001）．バイオ直交tRNA−ARS対は以下の過程で作製される．（1）大腸菌中でアミノアシル化を受けないtRNAの探索，（2）それらのtRNAのうち，特定のARSによってのみアミノアシル化を受けるtRNAの探索，（3）前者のARSに変異を加えて，特定の非天然アミノ酸だけでアミノアシル化を起こすように変換．

メタン生産古細菌のTyrRS（チロシンをtRNAに結合させるARS）は大腸菌のいかなるtRNAもアミノアシル化しない．そこでメタン生産菌のチロシン用tRNAのいくつかの位置の塩基に変異を導入し，大腸菌のARSによってはアミノアシル化されないようにするセレクションを行った（過程（1），図4.6）．得られた直交tRNA群について，メタン生産菌のTyrRSによって効率よくアミノアシル化を受けるものをセレクションする．その結果得られたtRNAは大腸菌中のいかなるARSによってもアミノアシル化されないが，メタン生産菌由来のTyrRSによってはチロシル化される（過程（2））．

4.3 バイオ直交 ARS の探索

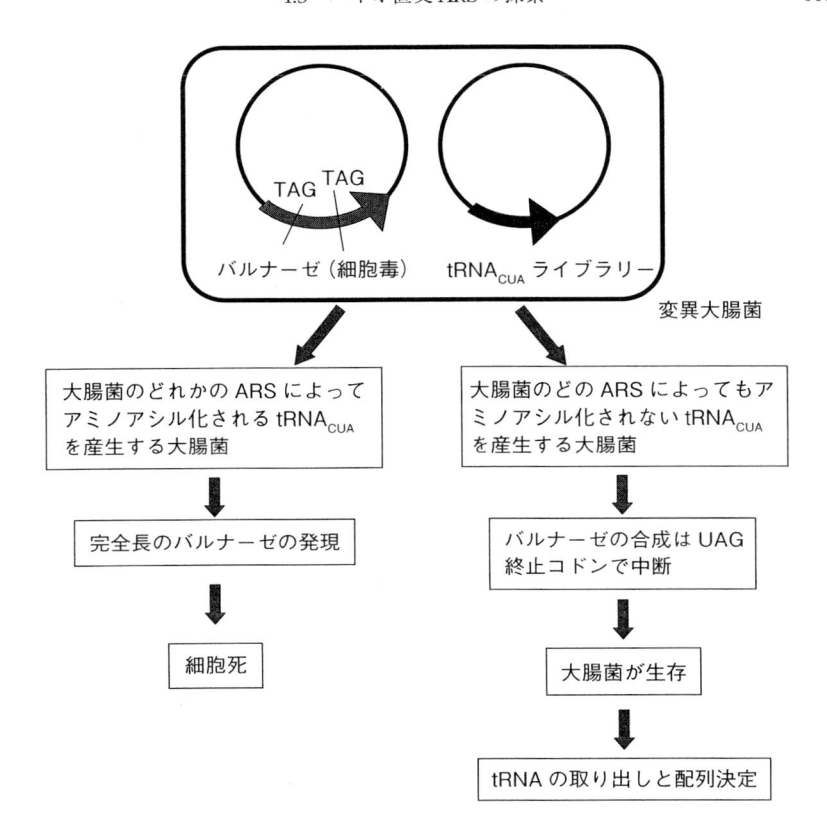

図 4.6 大腸菌の ARS 群によってはアミノアシル化されない tRNA のスクリーニング
変異大腸菌中で細胞毒バルナーゼの mRNA が発現している．ただしこの mRNA 中には終止コドン UAG が含まれているので，通常は活性なバルナーゼは発現しない．一方，同じ大腸菌中でアンチコドン CUA をもつ種々の tRNA も発現している．もしこの tRNA が大腸菌中のどれかの ARS によってアミノアシル化されると，バルナーゼ mRNA 中の終止コドンがそのアミノアシル化 tRNA によって翻訳されるので，完全長のバルナーゼが合成され，細胞死につながる．したがってこの条件で生存している大腸菌中の tRNA は大腸菌中のどの ARS によってもアミノアシル化されない直交 tRNA である．

　一方，非天然アミノ酸である *O*-メチルチロシン は大腸菌中のいかなる ARS によっても tRNA に担持されない．すなわちこの非天然アミノ酸はバイオ直交性である．そこでメタン生産菌由来の TyrRS に変異を導入し，アミ

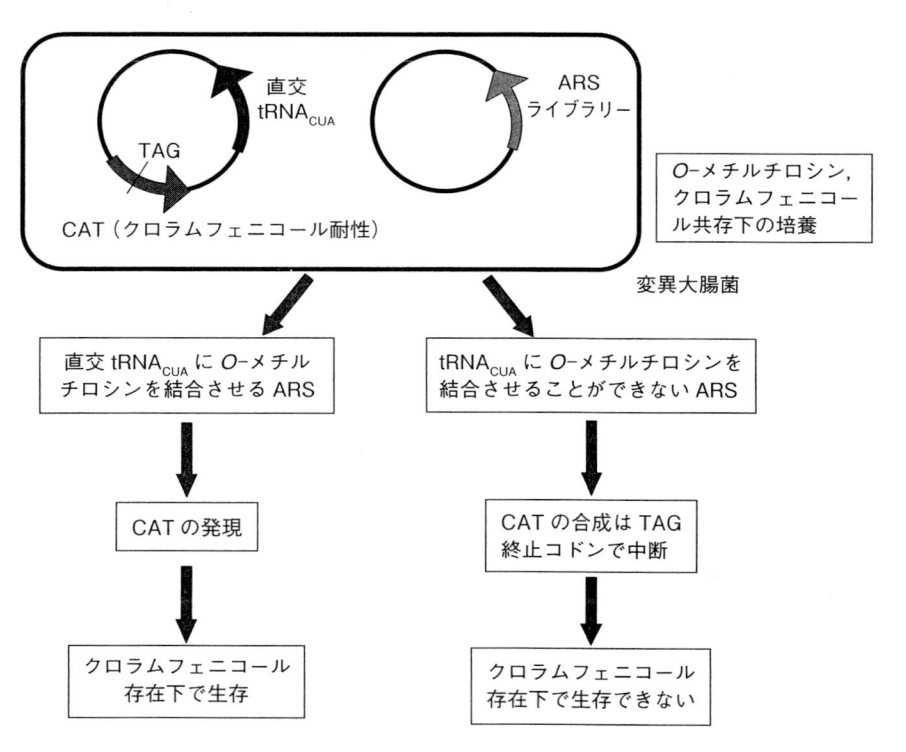

図4.7 アミノ酸特異性をチロシンから O-メチルチロシンに改変した ARS のスクリーニング

クロラムフェニコール（抗生物質）を不活性化する酵素（CAT），図4.6のスクリーニングで見いだされた直交 tRNA，およびメタン生産体由来の TyrRS 変異体ライブラリーを共発現する大腸菌を用意する．これをクロラムフェニコールおよび O-メチルチロシン共存下で培養する．普通は CAT 中に終止コドンが仕込まれているので活性 CAT は発現せず，抗生物質によって大腸菌は死滅する．しかし大腸菌中で発現した ARS が O-メチルチロシンを直交 tRNA に担持させる場合は，それが終止コドンを翻訳して完全長の CAT の合成を導き，クロラムフェニコール共存下でも大腸菌は生存する．つまりこのスクリーニングで生存している大腸菌中で発現している ARS は O-メチルチロシンを直交 tRNA に担持するものである．

ノ酸特異性をチロシンから O-メチルチロシンに改変するような ARS のセレクションを行う（過程（3），**図4.7**）．この一連の直交 tRNA-ARS 対のセレクションにより，O-メチルチロシンを21番目のアミノ酸とする拡張大腸菌

蛋白質生合成系を作製することができる．同様のスクリーニングにより，種々のパラ位置換フェニルアラニンに対する tRNA－ARS 対が作製され，それらを 21 番目のアミノ酸として使用できる系が作製されている．

このように限られた例ではあるが，すでに 21 番目の非天然アミノ酸を蛋白質構成成分とする生きた改変大腸菌＝合成生命体が実現している．ただしこの方法でいかなる構造の非天然アミノ酸に対してもバイオ直交 tRNA－ARS 対が得られるわけではない．天然のアミノ酸からあまりにも外れた構造の非天然アミノ酸を受容する tRNA－ARS 対を作製するのは困難である．蛍光性アミノ酸など，実用的な人工機能アミノ酸を受け入れる改変大腸菌はまだできていない．

4.3.3　有機化学的な tRNA 特異的アミノアシル化

第 3 章で紹介したペプチド核酸（PNA）は天然の DNA や RNA 以上に強く，かつ配列特異的にそれらと相補二本鎖を形成する．ある種の tRNA の 3′ 末端付近の配列に相補的な PNA は，3′ 末端と 5′ 末端間の本来の RNA 間対合（ステム構造，図 1.7 参照）をほどいて 3′ 末端に結合する．そこでこの PNA にアミノ酸活性エステルを結合させておくと，特定の tRNA だけにアミノアシル化が起こる（図 4.8）．この方法で，多種類の tRNA が混在する大腸菌生体外蛋白質生合成系に添加された，酵母フェニルアラニン tRNA だけをアミノアシル化できることが示されている．PNA を用いたアミノアシル化は完全に有機化学的な手法で，特定の tRNA を特定の非天然アミノ酸でアミノアシル化する生物有機化学らしい方法である．ただしこの方法では，アミノ酸を失った PNA は再生されることがない．すなわち PNA を用いたアミノアシル化では，PNA は人工 ARS 酵素として機能しているわけではない．

PNA 法以外にもリボザイムを用いた tRNA 特異的アミノアシル化が研究されている．いずれにしても非天然アミノ酸導入の鍵となるのはアミノアシル化段階であり，どのような非天然アミノ酸にも適用できる方法の開発が待

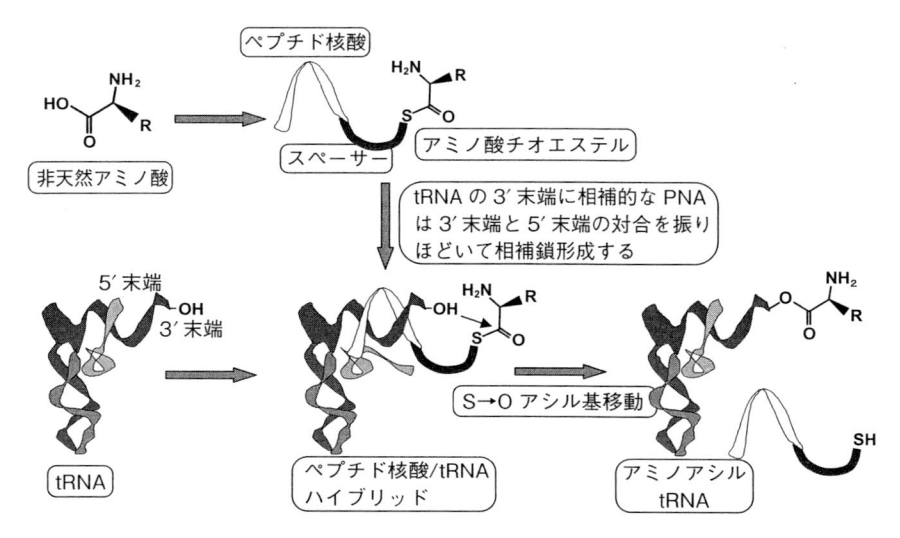

図 4.8 PNA を tRNA 識別因子とする tRNA のアミノアシル化

たれている．

4.4 コドン－アンチコドン対の拡張

　非天然アミノ酸の蛋白質中の位置を指定するためには，既存のコドンと直交するコドン－アンチコドン対を定義する必要がある．現在最も広く行われている方法は，アンバー（UAG）などの終止コドンを流用する方法である．すなわち，mRNA 上の非天然アミノ酸を導入したい位置に UAG を入れておき，直交 tRNA のアンチコドンに CUA を導入しておく．すると翻訳時に UAG が現れたとき，終結因子による蛋白質合成の停止が起こる代わりに，直交 tRNA に担持されている非天然アミノ酸が導入される．この方法は，アンバーコドンによる合成終結を非天然アミノ酸の導入によって抑制しているので，アンバーサプレッション法と呼ばれることもある．
　興味深いことに，通常の 3 塩基コドンに加えて 4 塩基コドンもリボソーム

4.4 コドン—アンチコドン対の拡張

中で機能する．例えば mRNA 上に 4 塩基コドン CGGG を導入する．すると
それと相補的な 4 塩基アンチコドン CCCG をもち，非天然アミノ酸でアミ
ノアシル化された酵母フェニルアラニン tRNA を加えると，非天然アミノ酸
が導入される．ただし 4 塩基コドンは 3 塩基としても読まれる可能性があり，
その意味でこの 4 塩基コドン法は完全なバイオ直交性をもたない．しかし
図 4.9 に示したように，4 塩基コドン CGGG が 3 塩基コドン CGG として読
まれた場合，後続の読み枠が 1 塩基前にずれる．読み枠がずれたとき終止コ
ドンが出現するように配列を設計しておけば，3 塩基として読まれた場合は
蛋白質合成が中断されることになる．つまり 4 塩基コドンが非天然アミノ酸

CGGG が 4 塩基コドンとして読まれたとき

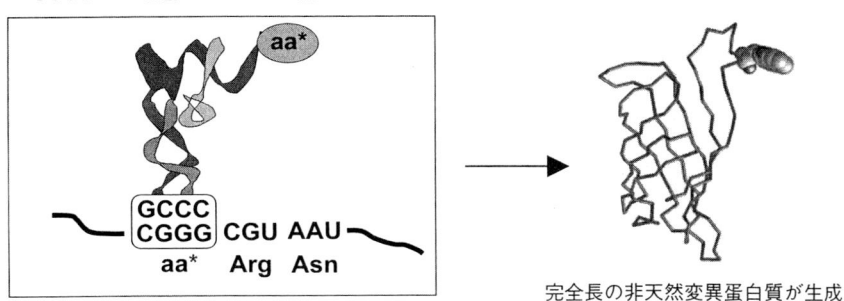

完全長の非天然変異蛋白質が生成

CGGG が 3 塩基コドン CGG として読まれたとき

合成が中断された蛋白質が生成

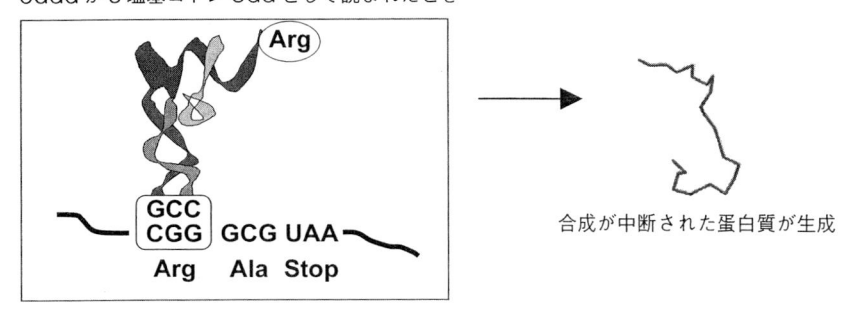

図 4.9　4 塩基コドンと 3 塩基コドンの読み分けの原理

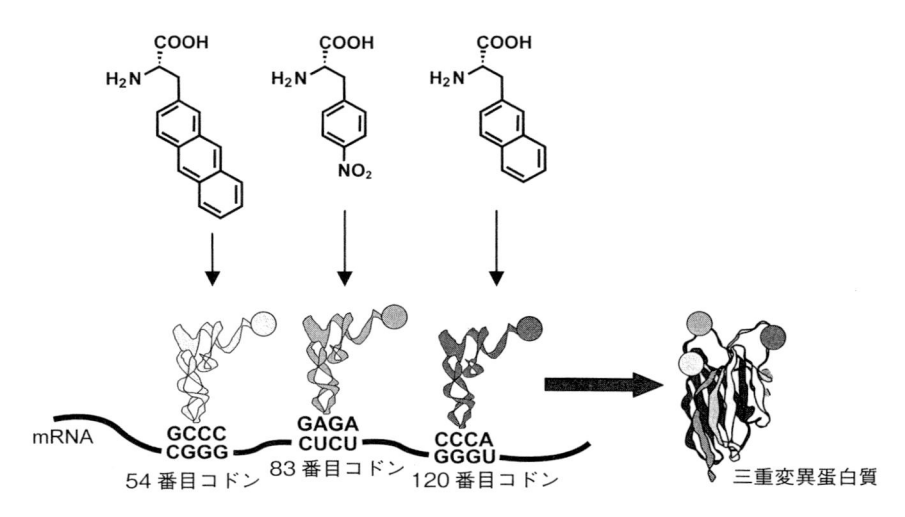

図 4.10 3種類の直交 tRNA と 3 種類の 4 塩基コドンを用いた 3 種類の非天然アミノ酸の蛋白質導入

に翻訳されたときだけ完全長の蛋白質が生成する．このように，4塩基コドンは3塩基コドンと事実上直交しているのである．

大腸菌生合成系では CGGG，AGGU，GGGU，など約5種類のコドンが実用的な翻訳効率を示す．これらのコドンを使用し，かつそれぞれのアンチコドンについて最適化された直交 tRNA を使用して3種類までの非天然アミノ酸が蛋白質に導入されている（図4.10）．

コドン拡張の究極的方法は第3章で述べたような，バイオ直交非天然核酸塩基対の利用であり，これについては現在も精力的な研究が続けられている．

4.5 生体外蛋白質生合成系を用いた非天然変異蛋白質の作製

非天然アミノ酸でアミノアシル化された直交 tRNA，あるいは直交 tRNA とアミノアシル化を行う変異酵素，および拡張コドンを蛋白質生合成系に導入すれば，非天然アミノ酸を特定の位置に導入した蛋白質を作製することが

4.5　生体外蛋白質生合成系を用いた非天然変異蛋白質の作製

できる．蛋白質生合成系としては，細胞破砕液を利用する生体外生合成が便利である（1.5.4項参照）．生体外生合成系では，市販の破砕液に上記のバイオ直交セットを導入することにより，30分程度の短時間で非天然アミノ酸導入蛋白質を作製することができる．蛋白質の取り出し方や精製法は第2章で説明したとおりである．

一方，非天然アミノ酸含有蛋白質の細胞内生合成は現在まだ挑戦的な研究課題である．4.3.2項のように，すでに非天然アミノ酸を基質にするtRNA－ARS対が見いだされており，それらを組み込んだ改変大腸菌が作製されている．このような改変大腸菌を用いると，非天然変異蛋白質を大量に作製することが可能である．ただし，まだかさ高い非天然アミノ酸の導入は確認されておらず，今後の研究が必要である．

化学的アミノアシル化が利用できる大腸菌生体外生合成系では，すでに多種類の蛍光性非天然アミノ酸が蛋白質へ導入されている．図4.11にそれらの一部を示す．種々の励起波長，蛍光波長に対応するものが見いだされているが，生化学研究や創薬，診断における蛍光法の重要性を考えれば，さらに多種類の蛍光性アミノ酸の開発が必要である．

蛍光性アミノ酸を導入した蛋白質がいくつか試作されている．カルモジュリンに図4.11の下段の2種類の蛍光性アミノ酸を導入した変異蛋白質の例を説明しよう．カルモジュリンは未変性状態では両末端が近づいた構造をとっているが，尿素によって変性すると末端間の距離は離れていく．C末端に蛍光エネルギードナー（図4.11下段左），N末端にエネルギーアクセプター（図4.11下段右）を導入した非天然変異カルモジュリンが作製された．この蛋白質が未変性の状態のとき，ドナーの吸収波長（490 nm）で光励起する．するとドナーに吸収されたエネルギーは近傍に存在するエネルギーアクセプターに移動し，アクセプターの蛍光（575 nm）として放射される．これが図4.12で尿素濃度＝0Mのときのスペクトルである．蛋白質溶液に尿素を添加して変性させると，両末端距離が離れてエネルギー移動効率が低下する．

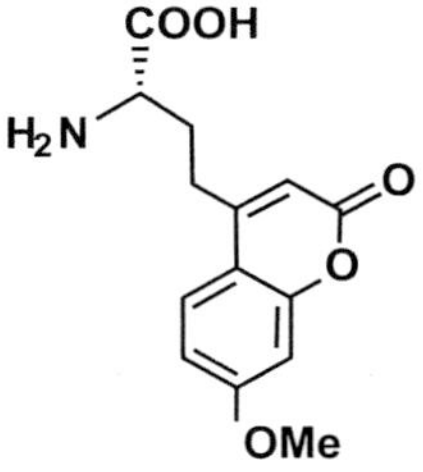

(345, 410)

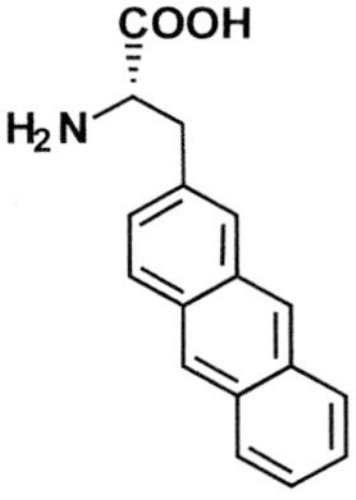

(358, 406)

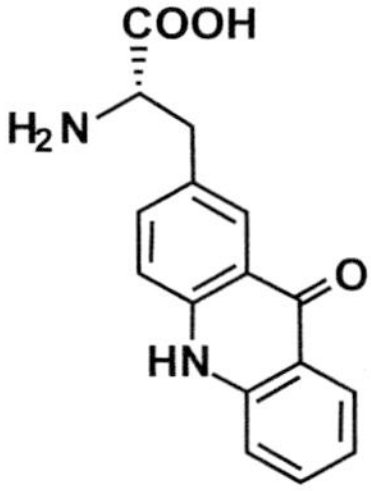

(389, 422)

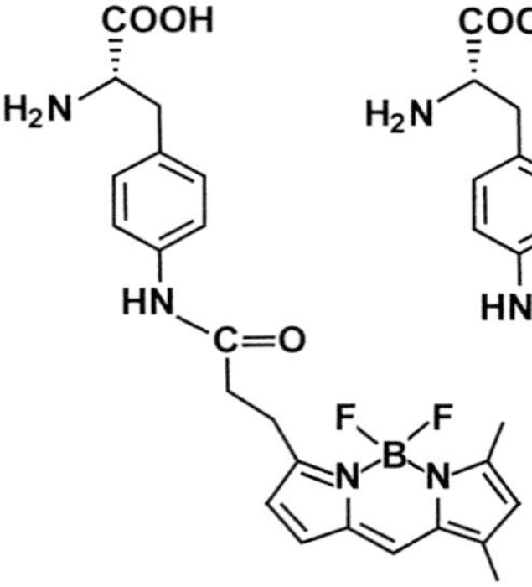

(490, 510)

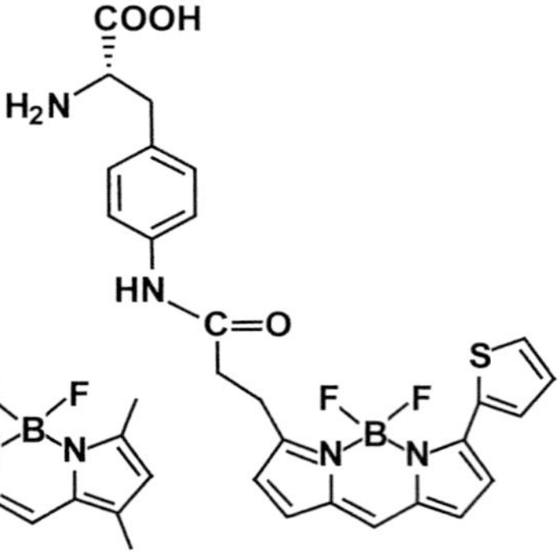

(555, 575)

図4.11　蛋白質に導入できる蛍光性非天然アミノ酸
カッコ内は最大励起波長 (λ_{ex}：左) と最大蛍光波長 (λ_{em}：右) (nm).

そのため尿素添加下ではドナーの蛍光 (510 nm) の方が強く現れている.

このように位置特異的に2重変異した蛍光蛋白質では，そのコンホメーション (立体構造) 変化を詳細に議論することができる.

本章では，既存の生化学システムを有機化学的に拡張する試みについて解説した．このトピックス自体はまだ教科書に載せるほど完成度の高いものではないかもしれない．しかし従来の生物有機化学が生体分子アナログの合成やそれらを用いた機能解析のレベルにとどまっていたのに対し，これらの研究は生体中で機能する分子にまで踏み込んでいる点に注目してほしい．また

4.5 生体外蛋白質生合成系を用いた非天然変異蛋白質の作製　　*119*

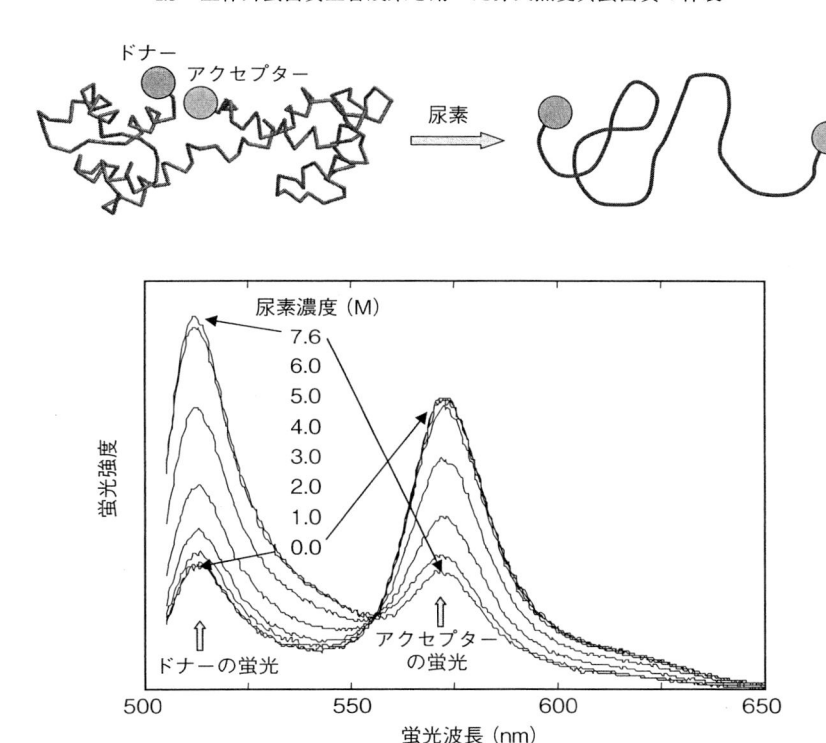

図4.12 カルモジュリンの両末端に導入した蛍光基間のエネルギー移動
変性と共に両末端間の平均距離が増加し，ドナーからアクセプターへのエネルギー移動効率が低下する．そのためアクセプターの蛍光強度は減少する．

これらの試みは，新しい創薬や診断の技術開発に直接つながっているのである．この点については第7章で解説する．

光学活性非天然アミノ酸の合成法

光学活性アミノ酸の合成法はすでに多くの効率的な方法が提案され，実際に商業生産もされている．ここでは実験室的に有用な方法を一つだけ紹介する．

$$\underset{\substack{\text{アセトアミドマロン酸}\\\text{ジエチル}}}{\underset{\text{O}}{\text{CH}_3\text{CNH-CH-COOEt}}\text{-COOEt}} \xrightarrow[\underset{\text{アルキルクロリド}}{\text{Cl-R}}]{\text{EtONa}} \underset{\text{O}}{\text{CH}_3\text{CNH-C-COOEt}}\underset{\text{R}}{\text{-COOEt}} \xrightarrow{\text{NaOH}} \underset{\text{O}}{\text{CH}_3\text{CNH-C-COOH}}\underset{\text{R}}{\text{-COOH}} \xrightarrow{\text{HCl}}$$

$$\underset{\substack{N\text{-アセチルアミノ酸}\\\text{(ラセミ体)}}}{\underset{\text{O}}{\text{CH}_3\text{CNH-CH-COOH}}\underset{\text{R}}{}} \xrightarrow{\text{アシラーゼ}} \underset{\text{L体(沈殿)}}{\text{H}_2\text{N-C*H-COOH}\underset{\text{R}}{}} + \underset{\text{D体(溶解)}}{\underset{\text{O}}{\text{CH}_3\text{CNH-C*H-COOH}}\underset{\text{R}}{}}$$

　アセトアミドマロン酸ジエチルは強い塩基条件でハロゲン化アルキルと反応し，C-C結合を形成する．エステルをアルカリ加水分解したあと酸性にすると，容易に脱炭酸してラセミ体の N-アセチルアミノ酸が得られる．水溶液中でアシラーゼを作用させると，L体のアミノ酸だけが脱アセチル化され沈殿してくる．D体のものは脱アセチル化が起こらず，溶液中に溶けたまま残る．ろ過すると遊離の光学活性アミノ酸を得ることができる．この方法はアセトアミドマロン酸ジエチルが高価なので工業的には不向きであるが，ステップ数が短く，種々の非天然アミノ酸に適用できるので実験室的には非常に有用である．

演習問題

[1] 蛋白質生合成系に外部から加えた tRNA がもともと存在していた tRNA 群と直交していないとき，どのようなことが起こるか．

[2] 化学的アミノアシル化によって D 体のアミノ酸を tRNA に担持しても，それらは蛋白質には導入されない．どの段階で停止しているかを考えよ．

[3] 4 塩基コドンによる翻訳が 3 塩基コドンとしての翻訳より優勢になるためには，どのような工夫が必要か．

[4] 終止コドンを非天然アミノ酸に割り当てる方法では，原理的に何種類のアミノ酸まで蛋白質に導入可能か．

第 5 章　遺伝子発現の制御
―生物機能を操る―

　細胞中の蛋白質合成を制御する仕組み，すなわち転写制御，翻訳制御などを生化学系がどのような機構で行っているかについて概説する．それらの医療応用として，アンチセンス薬，RNA 干渉（RNAi），リボザイムなどの役割を解説する．アンチセンス薬や RNAi でも人工核酸や修飾核酸の利用などの有機化学的な工夫がなされている．

5.1　遺伝子発現の制御

　次節で遺伝子発現の人工制御法について述べるが，その前に細胞内で行われている遺伝子発現制御について説明しよう．蛋白質遺伝子から蛋白質ができる過程は，主に転写（DNA → mRNA）の制御によって行われている．これ以外にも mRNA 分解の過程や，翻訳過程（mRNA → 蛋白質）などで，蛋白質合成が段階的に制御されている（図 5.1）．

　転写制御には，プロモーター（転写開始を指示する配列）の周囲に存在する DNA 上の特定配列と，そこに結合する転写制御因子，そしてそれと基本転写装置との相互作用が必要である．つまり，プロモーターの周囲に制御因子が結合すると転写が抑制されたり促進されたりするというわけである．原核生物における転写制御は，このような制御因子により行われ，その一例は 1.4.2 項で述べた．真核生物での転写制御は，制御因子によるものだけではなく，さらに複雑である．最大の違いは，真核生物の DNA は多くの蛋白質が結合したクロマチンという構造をとっていることである．クロマチン構造

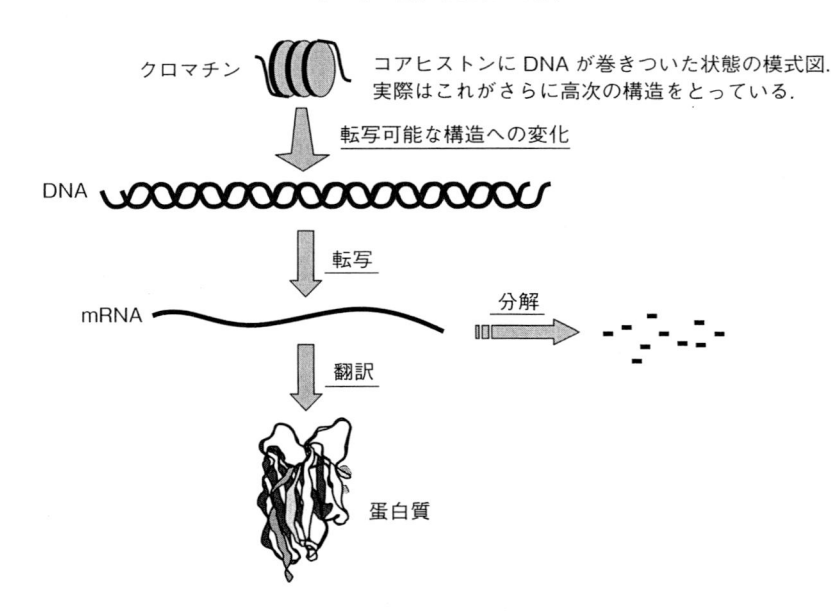

図 5.1 蛋白質合成の制御過程
DNA にコードされた蛋白質の合成の制御が行われる過程を下線で示した．

（図中ラベル）
クロマチン：コアヒストンに DNA が巻きついた状態の模式図．実際はこれがさらに高次の構造をとっている．
転写可能な構造への変化
DNA
転写
mRNA　分解
翻訳
蛋白質

をとっている場合には転写は通常抑制されており，クロマチン構造の変換とそれに続く制御因子の DNA への結合というように，転写制御は多段階にわたっている．クロマチン構造の変換後，転写とその制御に関わる分子は，（1）RNA ポリメラーゼ，（2）転写の基本量を決める基本転写因子，（3）DNA 上の制御配列に結合して強力な制御を行う転写制御因子，（4）基本転写因子や転写制御因子に結合することにより転写制御に関与するメディエーター，（5）転写因子の構造を修飾することにより転写因子の活性を制御する酵素類，などである．

　転写後の RNA は，真核生物ではプロセシングと核外輸送を経て翻訳に用いられる．そのあと合成される蛋白質の量は，mRNA がどれだけ安定かによって変わってくる．mRNA あたりの翻訳量が同じでも，mRNA がすぐに分解してしまえば蛋白質合成量は少なくなる．mRNA の安定性は，真核生

物では，5′末端のキャップ構造と，3′末端のポリ（A）配列の長さに大きく依存している．ただしそれだけではなく，mRNA 上の特定配列に結合して安定性を左右する蛋白質により制御されている場合がある．また，植物においてはマイクロ RNA（miRNA）と呼ばれる小さな RNA が結合することにより，mRNA の分解が引き起こされる例が知られている．

　転写や mRNA の安定性ではなく，翻訳自体の制御を行う因子も数々の例が知られている．最近，多くの miRNA が翻訳制御に関わっていることが明らかになった．このように miRNA は，mRNA の分解にはたらく場合と，翻訳制御にはたらく場合がある．

5.2　細胞内遺伝子発現の人工的な抑制

　細胞内での特定遺伝子の発現を人工的に抑制する方法としては，その遺伝子あるいは mRNA に相補的に結合する核酸を用いる方法が主として用いられる．具体的には，DNA からの転写を抑えるアンチジーン法，および mRNA からの翻訳を抑える（あるいは mRNA の分解を引き起こす）アンチセンス法，リボザイム法，RNAi 法などである．このような技術は，遺伝子ノックダウン技術と総称され，病気の原因となる遺伝子の発現を抑制することにより治療薬としての利用が考えられている．以下に，それぞれの方法について説明する．

5.2.1　アンチセンスとアンチジーン

　アンチセンス法とは，特定の mRNA のある部分に相補的な核酸（アンチセンス分子）を結合させることにより，翻訳を阻害する方法である（図 5.2）．
　アンチセンス法は真核生物にも原核生物にも適用可能である．アンチセンス分子としては，DNA あるいは人工核酸が用いられる．この翻訳阻害には 2 通りのメカニズムがあり，一つは，mRNA に固く結合してリボソームへの

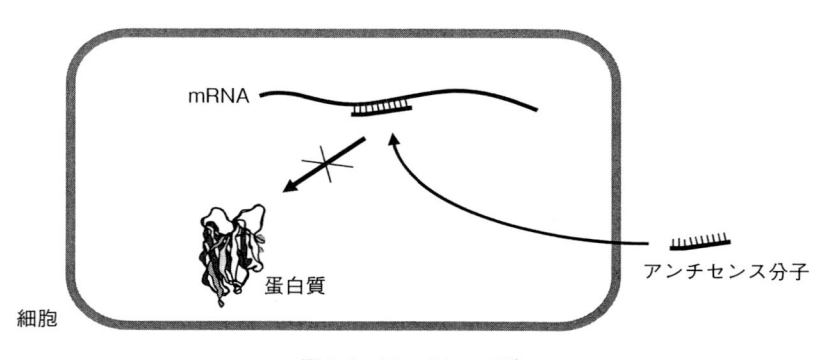

図5.2 アンチセンス法

結合や伸長反応を阻害するというものである．二つめのメカニズムでは，アンチセンス分子とmRNAのハイブリッド部分が細胞内に存在するRNaseH（RNAとDNAが相補的に結合している部位を切断する酵素）で分解されることにより，mRNAの量が低下する．後者のメカニズムは，アンチセンスDNAでは起こるが，第3章で述べた人工核酸を用いたアンチセンスでは酵素に認識されないため起こらない場合もある．アンチセンス法は研究の歴史が比較的長く，臨床実験も進んでおり，ドラッグデリバリーシステム（薬物送達システム）との結びつきも深くなってきている．

　人工核酸の一つであるPNA（ペプチド核酸；3.2.4項参照）の誘導体がアンチセンス薬として有用であることを証明した実験を紹介しよう（図5.3）．アフリカツメガエルの特定のmRNAの発現を阻害すると，そのオタマジャクシの頭部に形態異常が起こることがわかっている．そこでそのmRNA（Ras-dva mRNA）に相補的なPNAを，アフリカツメガエルの卵母細胞にマイクロインジェクションする実験が行われた．その卵細胞を生育させると，確かに頭部に異常をもつオタマジャクシに成長した．相補配列とわずか1塩基だけ配列が異なるPNAではこのような異常は見られなかった．やや気味の悪い研究であるが，設計された機能をもつ人工化合物が，予想通り生き物の中で機能しているところを見ていただきたい．

5.2 細胞内遺伝子発現の人工的な抑制

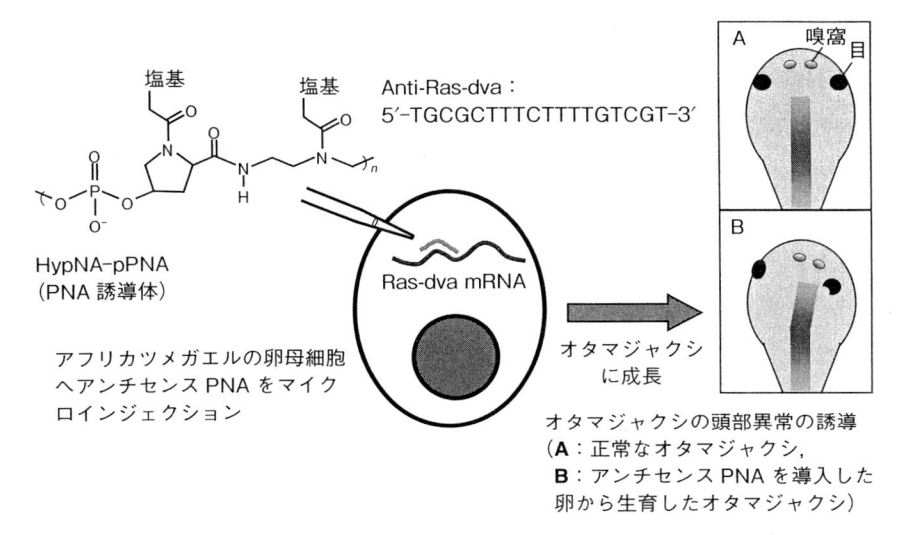

図5.3 PNAによるアンチセンス効果の実証例
アフリカツメガエルの卵母細胞の特定のmRNAを阻害すると、奇形が起こる（V. A. Efimov *et al.*, *Nucleic Acids Res.*, **34**(8), 2247-2257 (2006) より作図）．

さて，アンチセンス法と似ているが異なる方法として，アンチジーン法がある．アンチジーン法とは，二本鎖DNAの一方の鎖に相補的な短いDNAあるいは人工核酸を用いて三重鎖核酸を形成させることにより，その遺伝子の発現を転写レベルで阻害しようという方法である．アンチセンス法と同様，遺伝子の発現阻害に用いるのだが，二本鎖DNAに対してアンチジーン核酸分子を結合させることの難しさから，アンチセンス法ほど研究が盛んではない．

アンチセンス法やアンチジーン法において用いられることの多い人工核酸の種類と化学構造は，3.2.3，3.2.4項で紹介したとおりである．アンチセンス分子やアンチジーン分子に求められる要素は，（1）生体内非分解性および（2）細胞膜透過性であり，さらにアンチセンス分子には（3）RNAとの結合が強いこと，（4）RNaseHによる分解をDNAと同様に引き起こすことが求められる．アンチジーン分子には，アンチセンスの（3），（4）が求

められない代わりに，二本鎖DNAと特異的に結合しやすいことが求められる．人工核酸を用いることの利点は，生体内での安定性（非分解性）が高まったり，DNAやRNAとの結合が強まったり，（場合によっては）細胞膜の透過性が高まったりすることである．

5.2.2 リボザイム

リボザイム（ribozyme）とは，RNA（ribonucleic acid）でできた酵素（enzyme）である．酵素といえば，普通は触媒作用をもつ蛋白質のことであるが，1981年に触媒作用をもつRNAが発見され（Cechら），それ以降数々のリボザイムが発見されてきた．なかでもRNA切断活性をもつリボザイムは多数知られている．構造が単純で，詳細に調べられているリボザイムは，

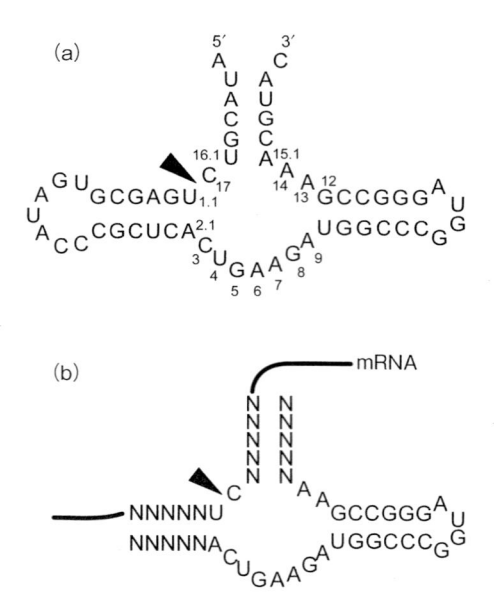

図5.4 (a) ウイルソイド由来のハンマーヘッド型リボザイム．この型のリボザイムに付けられている塩基番号を図中に示す．(b) ハンマーヘッド型リボザイムの応用による特定mRNAの分解．

5.2 細胞内遺伝子発現の人工的な抑制

図 5.4 (a) に示すようなものである．これらはウイロイドやウイルソイドと呼ばれる植物の病原体から発見され，形がハンマーの頭の部分に似ているので，ハンマーヘッド型リボザイムと呼ばれている．図 5.4 (a) の矢尻で示された部分が切断される．

このリボザイムの仕組みを利用すると，図 5.4 (b) のような mRNA の切断が可能である．…NNN… で示す部位は様々な配列に対応させることができる．リボザイムは積極的に mRNA を分解してしまうので，この方法による遺伝子発現抑制が可能である．

病気の原因となる変異型の遺伝子の発現を抑制するだけでなく mRNA の段階で修復しようという研究例を紹介しよう．遺伝病である鎌状赤血球貧血の患者には，βグロビン遺伝子に変異がある．βグロビンとはヘモグロビン蛋白質を構成するサブユニットの一つであり，γグロビンとほぼ同じ役割

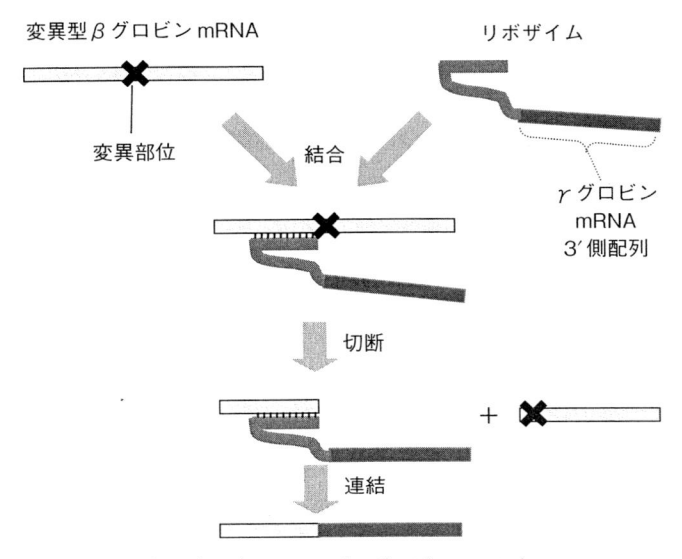

図 5.5 リボザイムによる変異型βグロビン mRNA の修復 (B. A. Sullenger et al., Science, 280(5369), 1593-1596 (1998) より作図)

をもつ（胎児期には β グロビンの代わりに γ グロビンが使われる）．そこで，リボザイムを用いて変異型 β グロビンの mRNA を γ グロビン mRNA へと修復する方法が考案された（図5.5）．グループ I イントロンというリボザイムは，特定配列の RNA を切断した後，その 5′ 側の RNA 断片とリボザイムの 3′ 側の部分を連結する反応を起こす．この反応を mRNA の修復に応用し，生体外で mRNA の修復が可能であることが実験で証明された．このようにリボザイムは遺伝病の治療に役立つ可能性がある．もっとも医療への応用については，最近は 5.2.3 項で述べる RNAi 法の方により大きな注目が集まっているようである．

5.2.3 RNA 干渉（RNAi）

RNAi（RNA interference）とは，二本鎖 RNA（dsRNA）が相同な標的遺伝子の発現を強力に抑制する現象のことである．この現象は，最初に線虫を用いた実験で証明された（Fire ら，1998）．RNAi の研究はまだ始まったばかりであるが，従来のアンチセンス法やリボザイム法をしのぐ，より強力で特異的な遺伝子発現抑制法として利用できると期待されている．なお，RNAi の機構は真核生物には存在するが，原核生物には存在しない．真核生物においては，培養細胞レベルでも個体レベルでも RNAi 法は適用可能である．

RNAi の分子機構は以下のように考えられている．まず，線虫やハエなどのように数百塩基対の長い dsRNA によって RNAi 現象が引き起こされる場合について説明する．この場合，（1）細胞内に導入された dsRNA は，Dicer という dsRNA に特異的な RNase（RNA 分解酵素）によって分解され，21〜25 塩基程度で両方の 3′ 末端が 2 塩基突き出た短い dsRNA（これを siRNA と呼ぶ）が生成される．（2）この siRNA は，二本鎖を解離させる活性をもった酵素により一本鎖に分かれ，（3）一本鎖に解離した siRNA を含む複合体が RISC（RNA-induced silencing complex）として標的の mRNA を配列特異的に認識して切断することにより翻訳抑制に結びつく．哺乳動物で

5.2 細胞内遺伝子発現の人工的な抑制

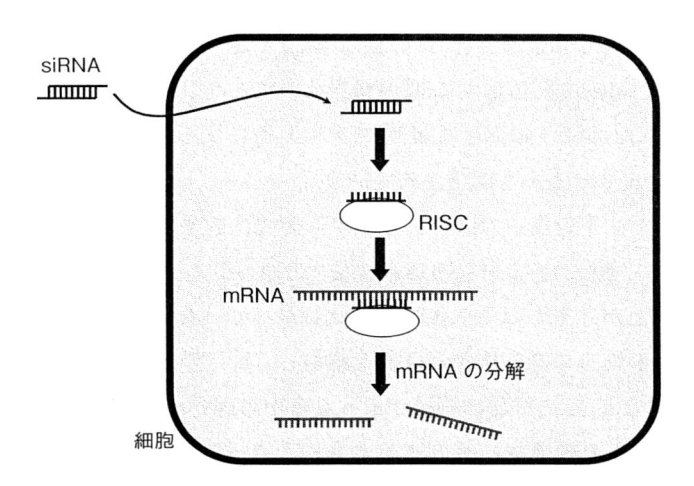

図5.6 哺乳動物におけるRNAiの分子機構（概略）

は線虫やハエなどとは異なり，長いdsRNAによるRNAi実験が行えない．なぜなら，哺乳動物培養細胞では，長いdsRNAを導入すると非特異的な翻訳抑制やアポトーシス（細胞の自殺）の誘導を生じるからである．その代わり，哺乳動物では図5.6に示すように，siRNAを細胞内に導入することにより，(1)のステップをスキップした形でRNAi効果が得られる．線虫ではさらに(3)と並行する形で，siRNAのアンチセンス鎖が標的mRNA上でプライマーとして機能して，RNA依存性RNAポリメラーゼによって新たなdsRNAが生成され，RNAiの連鎖反応が起こるといわれている．

　ヒトの疾患を治療するためにRNAi効果を利用することを考えると，上記の哺乳動物のメカニズムに従わなくてはならない．すなわち，長いdsRNAではなく，siRNAを用いた方法でRNAiを行う．siRNAだけでなく小さなヘアピンRNA（shRNA；siRNAと同じく短い二本鎖RNA構造を含むが，その片端が一本鎖RNAでつながっている）でも同様な効果が得られることも報告されている．このようなsiRNAやshRNAは化学合成あるいは転写合成によって作製する．生物有機化学的にsiRNAの一部を修飾核酸に置き換える

ことにより RNAi 効果を上昇させたり，細胞や組織への運搬のために合成高分子により siRNA を修飾する例が報告されている．また，安定的に RNAi 効果を得るために，siRNA 発現用プラスミドによって細胞内で shRNA や siRNA を発現させる系も開発されている．

　RNAi 法により遺伝子のはたらきを探る研究は数多く行われている．例を一つあげる．BRCA2 はがん抑制遺伝子（欠損させるとがんの原因になる遺伝子）であるが，そのはたらきの多くはわかっていない．ヒト由来の株化細胞（長期にわたって継代培養が可能な細胞）において BRCA2 の発現を RNAi 法で抑制すると，その細胞の様子がどうなるかの観察が行われた．その結果，BRCA2 siRNA を細胞内に導入することにより BRCA2 を不活性化すると，

(a) 細胞分裂に要する平均時間

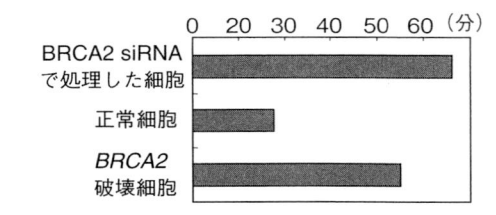

(b) 分裂する細胞間の切り離し期の様子

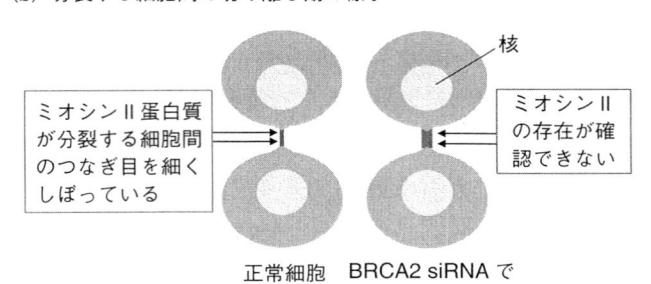

図 5.7　ヒト由来の細胞における BRCA2 遺伝子のはたらき（A. R. Venkitaraman et al., Science, **306**(5697), 876-879(2004) より作図）

正常細胞と比べ細胞分裂の遅れが観測された（図 5.7 (a)）．また，分裂して二つの細胞に分かれる直前の状態を観察すると，正常細胞ではミオシン II 蛋白質が細胞間のつなぎ目を細くしぼりこんで，スムーズに切り離しが行われるのに対し，BRCA2 の発現抑制が行われた場合はミオシン II の存在が確認できず細胞間のつなぎ目が細くならない（図 5.7 (b)）．そして BRCA2 蛋白質は正常細胞においては，細胞間のつなぎ目に存在していた．つまり，BRCA2 蛋白質は正常に細胞分裂を進めるはたらきをすることがわかった．この発見は，BRCA2 とがんの関係を考えるうえでも役立つであろう．

なお，図 5.7 (a) の実験結果は，次の 5.3 節で述べる遺伝子破壊法によっても確認されている．BRCA2 遺伝子を破壊した細胞株においては，RNAi 法で BRCA2 発現抑制をした場合と同様な結果が観測された．研究において，一つの現象を二つの異なる手法で確かめることは多い．RNAi 法は遺伝子破壊法より簡便な方法だが，遺伝子破壊法にも 5.3 節で述べる利点がある．

5.3 遺伝子破壊

5.2 節で述べた遺伝子ノックダウン技術は，遺伝子発現を部分的に抑制する（100 ％ 近く抑制できる場合もある）技術である．一方，遺伝子破壊技術では，ある遺伝子を破壊してしまうため，その遺伝子に由来する蛋白質の合成は完全になくなる．この技術は，有機化学からは少々離れるが，遺伝子ノックダウン技術と類似の側面をもつため，ここで紹介する．

遺伝子破壊には化学物質や紫外線によりランダムに破壊を行う方法と，相同組換えを用いて目的遺伝子を破壊する方法とがある．前者は，例えば，ランダムに遺伝子破壊を行った複数の個体のなかから，ある表現型の個体を選び出し，その個体においてどの遺伝子が破壊されているかを調べる際に用いられる．後者は，遺伝子ノックアウト技術とも呼ばれ，生物において目的遺伝子を破壊したときに，どんな表現型が現れるかを調べるために用いられる．

第5章　遺伝子発現の制御

すなわち，ある遺伝子の機能を調べるために，その遺伝子を破壊した生物を用いるわけである．

遺伝子ノックアウトは特定の遺伝子を狙って破壊する技術なので，特定遺伝子の発現を抑える遺伝子ノックダウンと似た技術である．ただし，遺伝子ノックダウン技術の場合，基礎研究だけでなく疾患治療に利用しようとしている研究者が多いのに対し，遺伝子ノックアウト技術の用途は治療よりも基礎研究の色が濃い．この技術により遺伝病を防ぐには受精卵の時点で遺伝子ノックアウトしなければならないわけだし，疾患を治療するには治療したい組織や部位を遺伝子ノックアウトしたものと取り替えなければならないだろうから，倫理的あるいは技術的な問題で難しいと思われる．一方，特定遺伝子の機能を調べるための基礎研究においては大いに利用されている．現在で

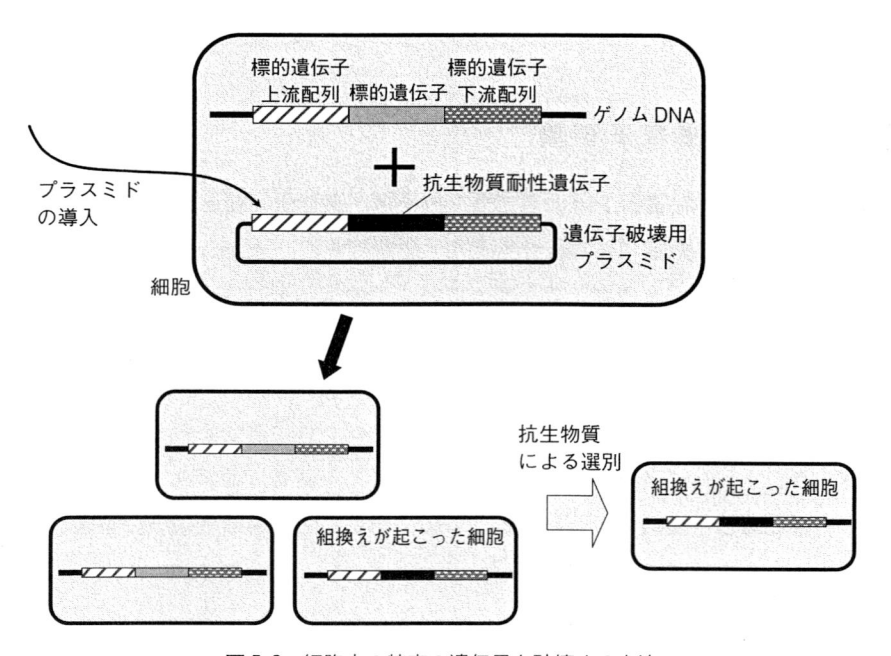

図5.8　細胞内の特定の遺伝子を破壊する方法

は，ノックアウトマウス（ある遺伝子をノックアウトしたマウス）の作製を受託している企業もある．

遺伝子破壊の方法の詳細については生物によって異なるので省くが，狙った遺伝子を破壊する方法の大まかな概念は図5.8に示すとおりである．まず，標的遺伝子の上流と下流の配列のあいだに，抗生物質耐性遺伝子を挟み込んだDNA配列を含む遺伝子破壊用プラスミドを細胞内に導入する．すると，低い確率ではあるが，標的遺伝子の上流と下流の部分で遺伝子破壊用プラスミドとの組換えが起こり，標的遺伝子が抜け落ちる．組換えが起こると，結果としてゲノム内には抗生物質耐性遺伝子が組み込まれるので，その抗生物質により，組換えが起こった細胞を選別することができる（さらに補助的な選別システムが必要となる場合もある）．ES細胞（胚性幹細胞；すべての組織に分化する全能性をもち，ほぼ無限に増殖させることができる細胞）を用いて上記のような組換えと選別を行い，選別されたES細胞をもとにクコーン動物をつくれば，特定遺伝子を破壊した動物をつくることができる．

本章では，遺伝子発現の制御，特に人工的に特定の遺伝子発現を抑制する方法を学んできた．これらの技術は，各遺伝子のはたらきや役割を知るために不可欠な方法であり，また，医療への応用も可能である．アンチセンス法やアンチジーン法，リボザイム法，RNAi法などは，人工核酸や修飾核酸の利用により改良可能と思われ，生物有機化学者のアイデアが望まれている．

演習問題

[1] 特定の遺伝子発現を抑制する方法を三つあげよ．
[2] アンチセンス法とアンチジーン法の共通点と，相違点を一つずつあげよ．
[3] siRNAにおいて修飾RNAを用いることにより，普通のRNAよりRNAi効果を高めることを目的とした研究が行われている．RNAi効果を高めるために修飾RNAにどのような役割を期待すればいいか，考えられることをあげよ．

第6章　進化分子工学
—未知の生物機能を創る—

　進化というと，4足歩行のサルから2足歩行のヒトが生まれるような，目に見える変化を思い浮かべるかもしれない．しかしミクロな世界で生物を観察すると，分子レベルでも進化は起こっており，それが個体レベルの進化につながっている．生物はそれぞれの環境に都合のよい蛋白質やRNAなどを非常にゆっくりと進化させてきた．進化分子工学は，とんでもなく時間のかかる分子進化を人工的に短時間で行おうという方法論である．この方法は，生物の用いている20種類のアミノ酸や4種類のヌクレオチドの枠組みの中での分子改変であるが，それでも効率よく目的の機能をもつ分子を選び出すことができる．蛋白質の機能改変を目的とするとき，第4章のような非天然アミノ酸導入や化学修飾の方法は，直接的で有機化学者の発想に近い．それらの方法と進化分子工学的手法は併用可能であり，補い合う関係にある．

6.1　進化分子工学的手法の概要

　人工的な分子進化の対象は，RNAやDNA，蛋白質である．進化分子工学的手法は，遺伝子増幅過程としてPCRを用いる *in vitro* 法と，細胞やウイルスを用いる *in vivo* 法とに大別される．ここでは *in vitro* 法について述べる．方法の詳細はバリエーションに富むが，共通することは以下の6段階を踏むことである．ただし，改変したい分子がDNAである場合は，②と④の過程は省かれる．
① 「変異遺伝子ライブラリーの作製」：改変したい分子（DNA，RNA，蛋白質）をコードしている遺伝子にランダム変異を入れ，変異遺伝子のライ

ブラリーをつくる．ライブラリーとは様々な分子の混合物，変異体ライブラリーとは計画的に作製した変異体の混合物のことをいう．
② 「変異 RNA・変異蛋白質ライブラリーの作製」：DNA そのものが改変したい分子である場合以外は，遺伝子ライブラリーからの転写あるいは転写翻訳によって目的とする RNA ライブラリーや蛋白質ライブラリーを作製する．
③ 「ライブラリーからの選択」：期待する機能を示す分子を選択する．
④ 「遺伝子の選択」：選択した分子をコードしている遺伝子を取り出す．
⑤ 「増幅と選択の繰り返し」：選択した遺伝子を増幅し，必要に応じ ②，③，④ と ⑤ を繰り返す．
⑥ 「分子クローンの作製とその配列決定」：③ で得られた分子群は，ほとんどの場合，いくつもの種類の分子が混ざっているため，このなかから何種類かの分子クローン（単一種の分子）を取り出す．取り出したものがどんなものか知るために，その配列を決定する．

以上の方法は，進化させる分子が DNA であるか RNA であるか蛋白質であるかに応じて，また，目的機能分子の機能に応じて，かなり異なってくる．① の「変異遺伝子ライブラリーの作製」は，*in vitro* 法や *in vivo* 法，そして選択する分子が何であろうと，どんな場合にも共通する技術である．6.2 節ではそれについて述べる．

6.2 変異遺伝子ライブラリーの作製

ランダムなアミノ酸変異をもつ蛋白質ライブラリーを作製するにしても，ランダムな配列をもつ RNA ライブラリーを作製するにしても，最初にそれらをコードする遺伝子（ランダム変異をもつ DNA）のライブラリーをつくることになる．

遺伝子にランダムな塩基配列を導入するには以下の方法がある．

1) 化学合成法 (図 6.1 (a))

指定した塩基 (A, T, G, C) を次々に特定の順序でつなぐ代わりに，4種類の塩基の混合物を1塩基分ずつつないでいくと，指定された塩基数のランダム配列 DNA, $(N_1 N_2 N_3)_n$ (N = A, T, G, C) を作製することができる．ただし，この方法で蛋白質をコードする DNA を作製すると，かなりの確率で終止コドン TAG, TAA, TGA が導入されるので，期待した長さの蛋白質の作製効率が悪い．そこで N_3 として T, G だけの混合物（これを K と表す）を用いてランダム配列 $(N_1 N_2 K)_n$ を作製する．このランダム配列でもすべてのアミノ酸をコードできるが，終止コドン TAA, TGA は除かれているの

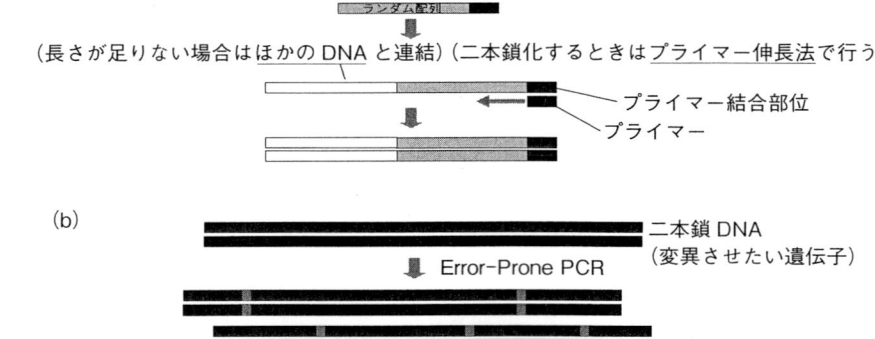

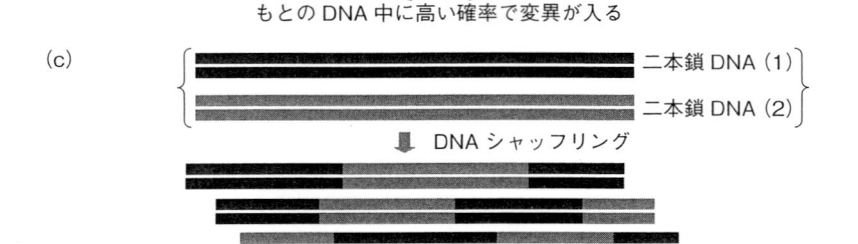

図 6.1 ランダム変異導入法

で期待した鎖長の蛋白質が得られる確率が高くなる．化学合成法は簡単であるが，塩基数 100 以上のものを作製するのは困難である．

2) Error-Prone PCR 法 (図 6.1 (b))

PCR 法は本来正確に DNA をコピーする方法であるが，反応条件（マグネシウムイオンや塩濃度など）を調節すると，読み間違いを起こさせる確率を高めることができる．それを利用して，多くの変異点を導入する方法が Error-Prone PCR 法である．この方法はきわめて容易であり，現在広く行われている．ただし蛋白質ライブラリーをつくるときには，あるコドンから点変異で誘導されるコドンの種類が限られていることが，この方法の欠点である（図 1.13 のコドン表を参照）．つまり，あるコドンから Error-Prone PCR によって誘導されるコドンは，コドン表上で縦の列と横の行の中のコドンに限られる．したがって，あるアミノ酸からは 1 回の変異ではどうしても置換できない種類のアミノ酸があり，そのため，完全なランダム変異を導入できるわけではない．

3) DNA シャッフリング法 (図 6.1 (c))

類似した DNA を何種類か用意し，それらを断片化する．断片化した DNA をお互いがプライマーとなるようにしてプライマー伸長反応を行う（つまり PCR と同じ反応を行う）．すると，断片化した DNA 間で連結が起こり，異なった DNA のあいだでキメラ遺伝子を得ることができる．

これらのランダム変異導入法の利点と欠点を考えてみよう．1) では，蛋白質配列内のまとまった一部分を完全にランダムに変異させることができる．しかし，蛋白質配列全体にわたって変異を入れることはできない．2) では，蛋白質配列全体にわたって変異を入れることができるが，上で説明したとおり，完全なランダム変異を導入できるわけではない．3) は比較的難しく利用者は少ないが，1) でつくったライブラリーと 2) でつくったライブラリーをシャッフルすることができるため，両方の利点を取り入れることができる．

6.3 RNA の進化分子工学

一般論だけではイメージがわかないかもしれないので，具体例をあげよう．ここでは RNA の進化分子工学の例を説明する．RNA を連結する活性をもつ RNA，つまり，RNA 同士をつなぐことができるリボザイム（RNA の酵素）をつくったという実験を紹介する（Bartel と Szostak, 1993）．生体内では，蛋白質である RNA ポリメラーゼは基質として，5′ 末端に 3 リン酸をもつヌクレオチドを用いて，図 6.2 (a) のような RNA 合成反応を進めている．リボザイムが同様な反応を進めることができるかを調べるため，図 6.2 (b) のように RNA の 3′ 末端に，自己の 5′ 末端を連結することのできるリボザイムの探索が行われた．

図 6.3 で実験方法を説明する．図 6.2 (b) のような機能をもつリボザイムを得るため，220 残基のランダム配列（図中では，N220 と示す）を含む RNA ライブラリーがつくられた．化学合成法と酵素的連結法を組み合わせてこの

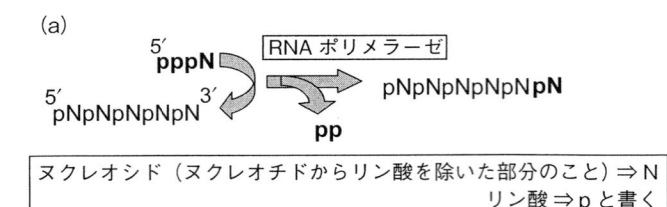

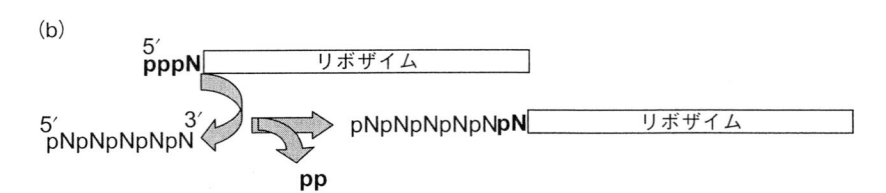

図 6.2 (a) 生体内での RNA 合成機構．この反応の繰り返しにより RNA ポリマーができる．(b) RNA を連結する活性をもつリボザイム．

6.3 RNAの進化分子工学

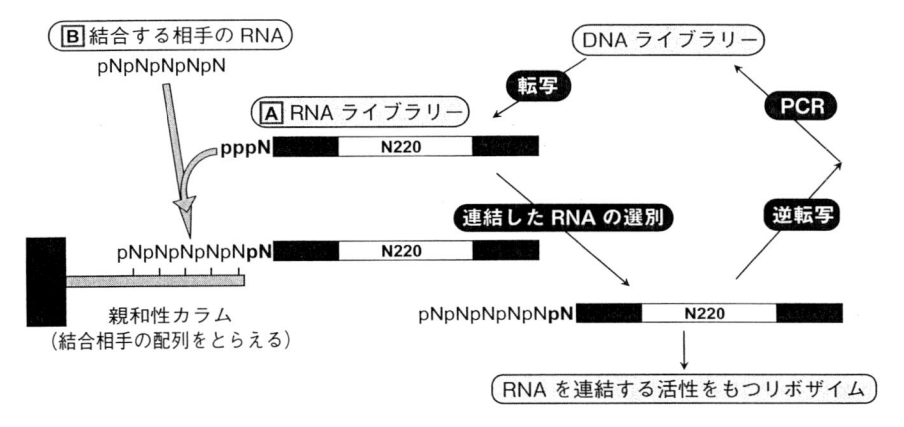

図6.3 ランダム配列RNAの中から，RNAを連結する活性をもつリボザイムを選び出すための選抜サイクル

長さのランダムDNAライブラリーがつくられ，その転写によりRNAライブラリー（図6.3のA）がつくられた．結合する相手のRNA（図6.3のB）とAとを混合し，AとBが結合したもののみ回収することにより，目的機能をもつリボザイムの選択が行われた．選択されたRNA分子の逆転写（逆転写酵素を用いてRNAからDNAを合成すること）の後PCRによる増幅が行われ，再びDNAライブラリーが得られた．逆転写およびPCRをする際のプライマーは，図中のN220の両サイドの黒い部分（この部分はランダムではなくある決まった配列である）に相補的な配列が用いられた．以上の操作後のDNAライブラリーは最初のDNAライブラリーよりも分子種の数が格段に減っているはずであるが，やはりさらに分子種をしぼり込む必要がある．そこで，このような選択サイクルが10回行われた．その選択サイクル中の5～7サイクル目で，Error-Prone PCRによりDNAの増幅が行われ，それによりさらにRNAが進化している．このようにして，目的のリボザイムが得られた．このようなリボザイムが得られるということは，現在，蛋白質が触媒しているRNA合成反応を，RNA自体が起こすことが可能だという

ことを示唆する．

6.4 アプタマー

さて，引き続き核酸の進化分子工学について考えよう．核酸，特に RNA はおそらく様々な触媒機能をもちうるが，酵素的な触媒機能をもつ核酸を選択する仕組みを考えるのは難しいことが多い．一方，ある分子に特異的に結合するような核酸を選択するのは比較的簡単である．結合する相手がどんなものであろうと，図 6.4 のような決まった方法を用いることができる．触媒機能をもつ核酸と比べ，何かに結合する核酸を選択する方が，研究例も圧倒的に多い．ある分子に特異的に結合する核酸をアプタマー（核酸アプタマー）という．最近では，疾患と関係する蛋白質に特異的に結合する核酸アプタマーをつくることにより医薬の開発も行われている．

方法は，図 6.3 とある程度共通である．ランダムな配列をもつ DNA を作製し，それを転写して RNA ライブラリーを作製する．そして，ある物質に

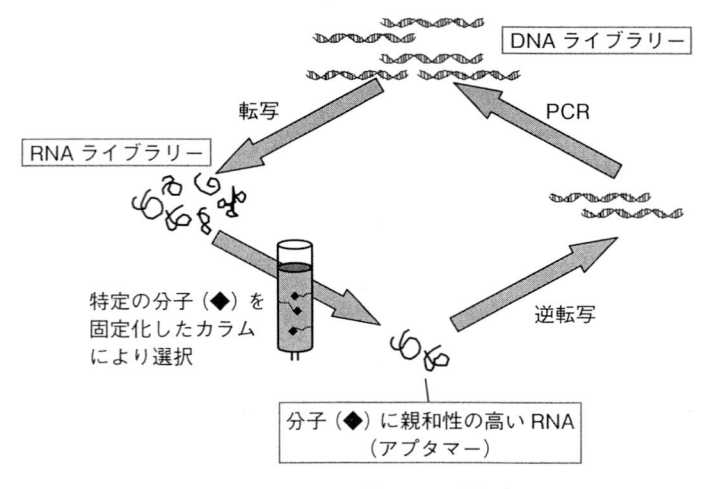

図 6.4 RNA アプタマーの選択法

対する親和性をもつ RNA を親和性カラム（あるいはフィルターなど）により選択する．得られた極微量の RNA を逆転写後，PCR 法で増幅する．このようなサイクルを繰り返し，最適化された RNA 群を得る．DNA アプタマーを選択する場合は，図 6.4 のサイクルから転写と逆転写を省けばよい．

6.5 クローニングと解析

選択サイクルを行った後にも，重要なステップが残されている．それは選択された遺伝子のクローニング（2.1.6 項参照）と配列解析および機能解析である．図 6.3 や図 6.4 のような過程で選択した遺伝子は，もとのライブラリー中の遺伝子数から比べると大幅にしぼられてはいるが，やはり混合物である．選択が期待通り進んだとすると，数種類から数十種類の遺伝子の混合物が得られる．この混合物中にどのような遺伝子が含まれているかを知るためには，選択された遺伝子混合物の中の 1 種類ずつをクローニングして，それぞれ配列を解析しなければならない．

遺伝子のクローニングの操作を説明する．2.1.2 項で述べたような方法を用いて，遺伝子の混合物をプラスミドに挿入する．この時点では，作製したプラスミドも様々な遺伝子が組み込まれた混合物である．これを大腸菌細胞内に導入してプレート培地で培養すると，翌日多数のコロニーが観察される（2.1.6 項参照）．一つのコロニーは，単一種のプラスミドを含んでいる．一つのコロニーから菌を培養してプラスミドを抽出すると，単一種の遺伝子（これを遺伝子クローンという）を得ることができる．

通常は少なくとも 10 種類以上の遺伝子のクローンを得て（＝ 10 種類以上の異なるコロニーからプラスミドを抽出して），それぞれの配列を解析する．選択された遺伝子混合物のうちの 1 種類だけの配列を解析したのでは，得られた配列のどこが重要かわからない．多数の配列を解析すると，目的の機能にとって重要でない部分には様々な変異が入っているが，重要な配列は多数

```
(18/48)   AAGUCAGUCGCAUUGGCCGAGCUGUCGCUCUGACCAACUGA-
 (3/48)   AAGCCAGUCGCAUUGGCCGAGCUGUCGCUCUGACCAACUGG-
 (3/48)   CACCUCCGACGCACAGUCGCAGGCUCGAAAGAGACUAAAUGC
 (1/48)   UCCAGACCCCAACAGACUCCAUAACUAAUAUGUCGCAAAA--
 (1/48)   UCCGUAGAAACGCGUUAAGGUGAAAGUUUGAGGGCUCCUCA-
 (1/48)   ACUCACUAUUUGUUUUCGCGCCCAGUUGCAAAAGUGUCG—
```

図6.5 eIF4G に結合する RNA アプタマー

48 クローン中の該当配列の数をカッコ内に示す (S. Miyakawa, Y. Nakamura et al., RNA, **12**(10), 1825-1834(2006)).

の遺伝子で保存されていることがわかる．このようにして，ある分子に結合する RNA の配列を決めることができる．

例えば，図6.5 は，40 塩基のランダム配列 RNA の中から翻訳因子である eIF4G という蛋白質に結合する RNA アプタマーを選択した結果である．選択サイクルを 12 サイクルまわして得られた 48 個の遺伝子クローンのうちの数種類の配列を図に示す．グレーと黒の部分の配列は多数の RNA において存在が確認されたため，eIF4G に結合するうえで重要な配列だと考えられる．

6.6 蛋白質の進化分子工学

蛋白質においても同様に進化分子工学を行うことができる．DNA ライブラリーをつくって転写と翻訳を行えば，蛋白質ライブラリーを作製することができる．そして，蛋白質の機能による選択も 6.3 節や 6.4 節と同様に行うことができる．しかし，蛋白質の場合には解決しなくてはならない大きな問題点がある．それは，蛋白質の混合物から 1 個の蛋白質分子を取り出し，それを大量にコピーすることができないことである．蛋白質ライブラリーから何らかの機能をもつ蛋白質を選択した際，単一種の蛋白質が得られることは，ほとんどないだろう．期待した機能をもつ蛋白質の混合物が得られたとき，各蛋白質の大量コピーができなければ，それらのアミノ酸配列の解析はできない．

6.6 蛋白質の進化分子工学

もし何らかの手段により，ライブラリー中の各蛋白質とそれをコードするmRNA（あるいはDNA）とを結びつけることができれば，後者をもとに選択された蛋白質遺伝子をクローニングすることができる．またそのPCRもできるため，図6.4と同様な選択サイクルをまわすことができる．そのようなことを考慮したスクリーニング法として，① リボソームディスプレイ法，② *In vitro* ウイルス法，③ ファージディスプレイ法（蛋白質とDNAの複合体であるファージを利用する方法），④ 細胞を用いる方法（遺伝子ライブラリーを細胞に導入して細胞内で蛋白質を合成させたうえで目的機能の蛋白質を選択する方法）などがある．ここでは，① と ② について説明する．

リボソームディスプレイ法は，リボソーム上で翻訳を休止させ，リボソームについたままの状態で蛋白質を提示する手法である．ランダムな配列をもつ遺伝子ライブラリーから蛋白質合成を行い，合成された蛋白質ライブラリーをリボソームに提示させた状態で合成を停止させる．このとき，終止コドンをもたないmRNAを用いてリボソームをmRNAの3′端で停留させ，抗生物質の添加や低温処理などで翻訳を停止させる．それにより，図6.6の

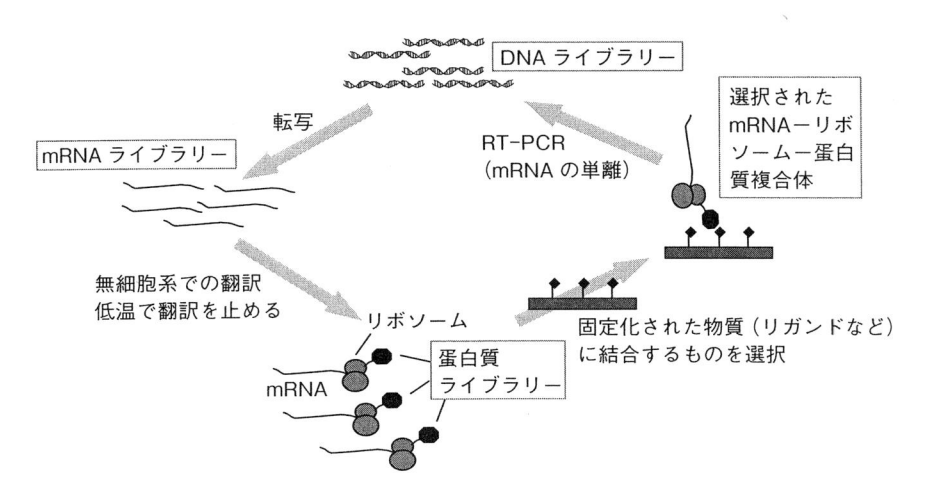

図6.6 リボソームディスプレイ法における選択サイクル

下に示すような mRNA －リボソーム－蛋白質複合体のライブラリーが形成される．そのため蛋白質ライブラリーから期待する機能をもつ蛋白質を選択すると，その蛋白質をコードする mRNA も一緒に吊り上げられてくる．その mRNA をもとに RT-PCR（逆転写と PCR）を行って選択サイクルをまわすことができる．また選択された蛋白質をコードする遺伝子をクローニングして配列決定することもできる．

　In vitro ウイルス法（柳川ら，1997）ではピューロマイシンという抗生物質を用いて，合成された蛋白質とそれをコードする mRNA とを化学的に結合させる．ピューロマイシンはリボソームの A サイトに入り，伸長中のペプチドの C 末端と反応して合成を停止させる．ピューロマイシンを DNA スペーサーを介して 3′ 末端に結合させた mRNA を準備し翻訳を行う．すると，合成された蛋白質が mRNA 末端のピューロマイシンと共有結合するため，図 6.7 のように mRNA と蛋白質とが共有結合した複合体がつくられる．この複合体を用いて図 6.6 と同様な選択サイクルによる進化分子工学を行うこと

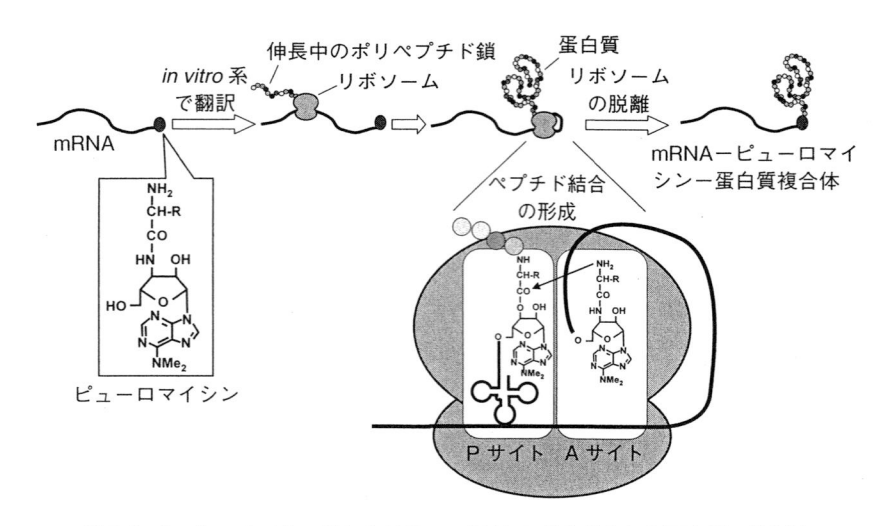

図 6.7　*in vitro* ウイルス法における，mRNA と共有結合した蛋白質の作製法

ができる．

　本章では，RNA および蛋白質の進化分子工学について学んだ．最近では，進化分子工学手法により得られた RNA アプタマーが医薬として承認される例も出てきて，注目を集めている．なお，7.3 節では，進化分子工学手法とは異なるが類似手法としてペプチドライブラリーからの機能性ペプチドの選択法について述べる．こちらも独特なアイデアで考え出された手法であり，本章の手法と比較されたい．

演習問題

[1] 進化分子工学実験を行うための蛋白質の変異体ライブラリーをつくる際，まず DNA レベルで変異体ライブラリーをつくる理由を述べよ．
[2] 220 塩基の完全にランダムな配列の DNA を 1 モル分合成した．これは何種類の DNA の混合物か考えてみよ．なお，アボガドロ定数は 6×10^{23} とする．
[3] ランダムなペプチド配列を DNA 上で指定する際，$(NNK)_n$（N = A, T, G or C, K = T or G）で示されるランダム配列の DNA を用いることが多い（6.2 節参照）．NNK で示されるランダム配列が，全種類のアミノ酸を指定可能であることを確認せよ．

第7章 人工生体分子の医療応用
―化学を診断や治療につなげる―

　ここまでの章で，種々の天然由来あるいは人工合成の分子が生体系で機能することが理解されたと思う．そこで，これらの機能を生体内や生細胞中で発現させ，病気の診断や治療に役立てることが最終的なゴールになる．人工生体分子を病気の診断や治療に用いるためには，いくつかの段階が必要である．本章ではそれらの段階について，現在までに達成されている事柄と，今後の課題について解説しよう．実はこれらの課題の多くは，ここまで学んできたいろいろな知識と技術の応用で原理的には解決可能なものである．生物有機化学を学び，応用することによって，がんに代表される種々の難病の診断と治療へ向けた確かな道筋をつかんでほしい．

7.1 細胞特異的結合分子や分子標的薬の開発指針

　現在がんの化学療法は，低分子薬剤を血中に投与し，細胞増殖が活発ながん細胞のはたらきを抑制するというものである．しかし，これらの薬剤は正常細胞にも作用して強い副作用を誘起することが多い．異常な細胞だけを標的として薬剤を送達することができれば，副作用は軽減されるだろう．異常細胞を認識し，それだけに結合する分子（細胞プローブ）を見いだし，それに薬剤を結合させればこの問題は解決される．一方，細胞内においても，その病気の原因となっている特定の DNA，RNA あるいは蛋白質だけに作用する薬剤ならば，副作用はさらに軽減されるだろう．細胞内で特定の生体分子とだけ結合する分子を，分子プローブと呼ぼう．さらに，分子プローブで薬剤としての機能を合わせもつものを分子標的薬と呼ぼう．細胞プローブと分

7.1 細胞特異的結合分子や分子標的薬の開発指針

子プローブを組み合わせ，特定の細胞だけに結合し，その細胞中に導入され，さらに細胞内で特定の分子の機能だけを阻害する薬が理想である．細胞プローブ，分子プローブ，およびそれらを組み合わせた複合体の開発指針をそれぞれ図7.1，図7.2，図7.3に示した．

細胞プローブの探索は3段階からなっている（図7.1）．（1）細胞表面を特徴づける標的分子を特定するため，病気の細胞を取り出し，培養し，そこ

(1) 細胞表面標的分子の特定

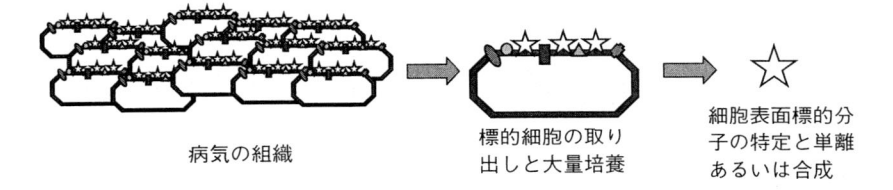

病気の組織 → 標的細胞の取り出しと大量培養 → 細胞表面標的分子の特定と単離あるいは合成

(2) 細胞表面標的分子に結合する分子の探索

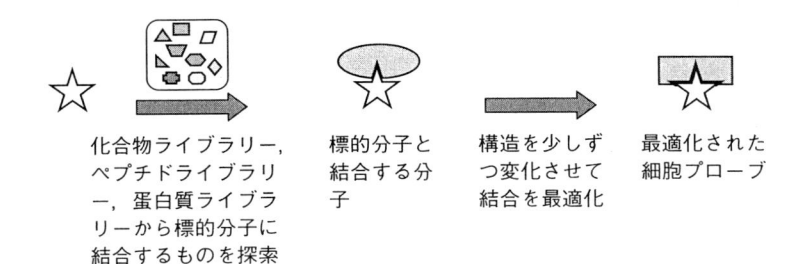

化合物ライブラリー，ペプチドライブラリー，蛋白質ライブラリーから標的分子に結合するものを探索 → 標的分子と結合する分子 → 構造を少しずつ変化させて結合を最適化 → 最適化された細胞プローブ

(3) 細胞プローブの蛍光標識と細胞表面への集積の確認

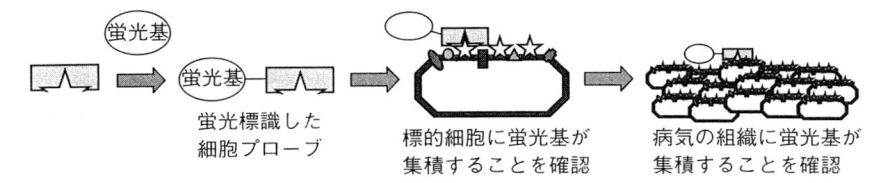

→ 蛍光基 → 蛍光標識した細胞プローブ → 標的細胞に蛍光基が集積することを確認 → 病気の組織に蛍光基が集積することを確認

図7.1　細胞プローブの開発指針

(4) 細胞内標的分子の探索

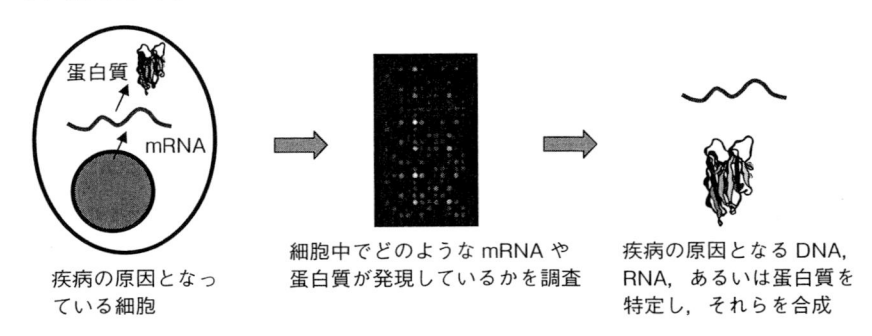

疾病の原因となっている細胞 → 細胞中でどのような mRNA や蛋白質が発現しているかを調査 → 疾病の原因となる DNA, RNA, あるいは蛋白質を特定し，それらを合成

(5) 標的分子と特異的に結合する分子の探索と構造最適化

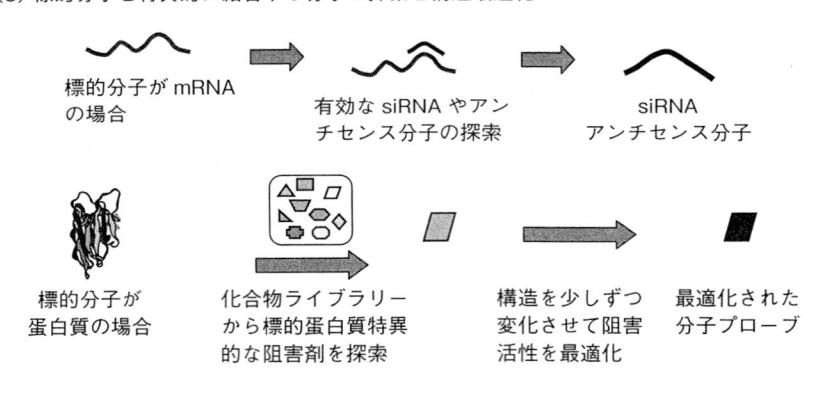

標的分子が mRNA の場合 → 有効な siRNA やアンチセンス分子の探索 → siRNA アンチセンス分子

標的分子が蛋白質の場合 → 化合物ライブラリーから標的蛋白質特異的な阻害剤を探索 → 構造を少しずつ変化させて阻害活性を最適化 → 最適化された分子プローブ

(6) 細胞導入機能の付与と細胞内機能評価

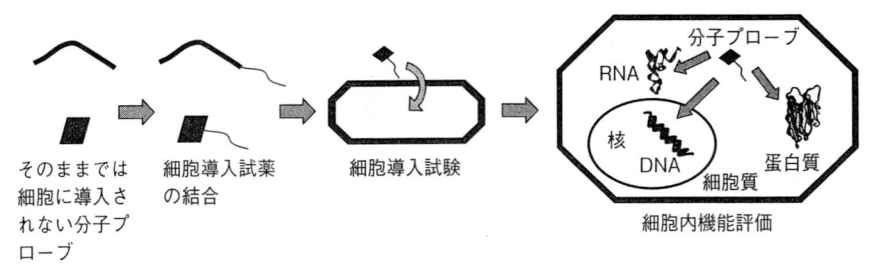

そのままでは細胞に導入されない分子プローブ → 細胞導入試薬の結合 → 細胞導入試験 → 細胞内機能評価（分子プローブ、RNA、核、DNA、細胞質、蛋白質）

図 7.2　分子プローブの開発指針

7.1 細胞特異的結合分子や分子標的薬の開発指針　　　　　　　　　　149

(7) 細胞プローブと分子プローブの複合体形成

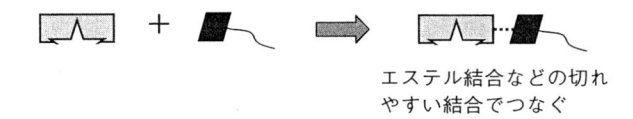

エステル結合などの切れ
やすい結合でつなぐ

(8) 分子標的薬の細胞内機能評価

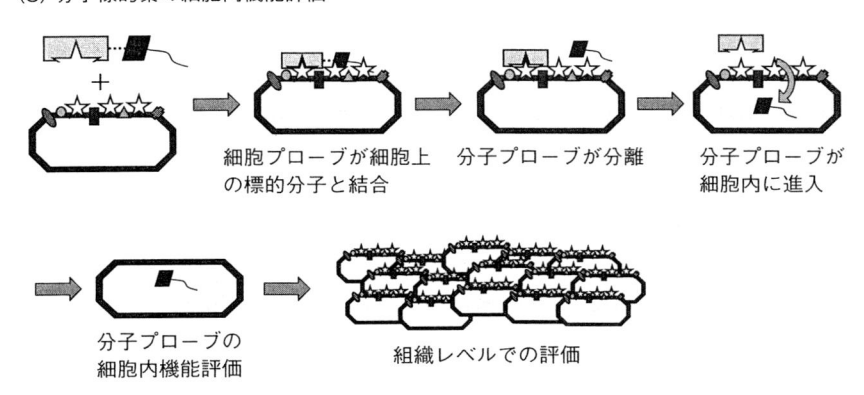

細胞プローブが細胞上　　分子プローブが分離　　分子プローブが
の標的分子と結合　　　　　　　　　　　　　　　細胞内に進入

分子プローブの
細胞内機能評価　　　　組織レベルでの評価

(9) 動物実験

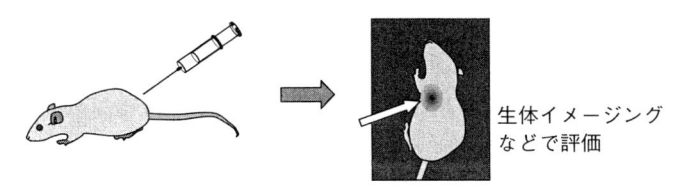

生体イメージング
などで評価

図 7.3　細胞特異的分子標的薬の開発指針

で異常発現している蛋白質や糖鎖を見いだす．この目的のため，マイクロアレイ（178頁コラム参照）を用いた mRNA や蛋白質の細胞内発現解析が行われる．この段階は分子生物学的研究といえるだろう．（2）細胞の表面で異常発現している蛋白質や糖鎖（標的分子）が見いだされたなら，それと特異的に結合する分子を探索する．一般の有機化合物，ペプチド，あるいは蛋白質などのライブラリーからの選択－増幅過程を繰り返すことによって，細胞

プローブを探索する．（3）標的分子との結合力の高い分子が見いだされたならば，それに蛍光基などを結合することによって，特異的結合を確認する．蛍光標識された細胞プローブはすでに診断薬である．実は細胞プローブの開発だけを目的にするならば，（1）の細胞表面の標的分子の特定は必ずしも必要ではない．病気の組織や細胞に結合する分子を見いだすことが目的なので，それらの組織や細胞を用いて直接ライブラリーから結合分子を探索する方法もある．

分子プローブの開発も同様な3段階からなっている（図7.2）．（4）まず病気の原因となっている細胞を取り出し，その中でどのようなmRNAや蛋白質が異常発現しているかを探索する．この目的にはDNAマイクロアレイ，蛋白質マイクロアレイ，あるいはプロテオーム解析（179頁コラム参照）などの手法が多用される．この段階は分子生物学的研究である．（5）異常発現しているmRNAの機能を抑制するためには，siRNAやアンチセンス分子を用いる．一方，異常発現した蛋白質の機能を抑制するための阻害剤を見いだすため，化合物ライブリー，ペプチドライブラリー，あるいは蛋白質ライブラリーから適切なものを探索する．最初に選択されたもの（リード化合物）の構造を少しずつ変化させていって，阻害活性を最適化する．（6）もし阻害剤が大きな分子でそのままでは細胞に導入されない場合，適当な細胞導入剤（カチオン性ペプチドなど）を結合して細胞導入が可能な形にする．

分子プローブと細胞プローブとを結合させることによって，細胞標的機能をもった分子標的薬を作製することができる（図7.3）．（7）両者をエステル結合のような生体内で適度に分解する化学結合で結合する．（8）これを細胞や組織に接触させると，細胞標的機能によって薬剤が細胞表面に集積し，そこで分解する．分子プローブ（薬剤）に細胞導入機能が付与されていると，それらは細胞内に導入されて，機能する．実際にこれが有効かどうかは細胞レベルでは共焦点蛍光顕微鏡などを用いて確認する．このような細胞標的薬の機能について，さらに組織レベルの観察を行った後，動物実験に移る．（9）

動物内での薬物の細胞集積の確認は分子イメージング法によって行う．

　実際には，ここで示したすべての過程を経て開発される薬はほとんどないだろう．また，すべての医薬品がこのような過程を必要とするわけでもない．医薬開発の歴史は長く，すでに膨大な候補化合物が存在する．それらの誘導体を作製することによるアプローチの方が近道である場合も多いだろう．またこの教科書では触れないが，生体の免疫機能を利用した人工ワクチンなどの薬剤も有望である．しかしここで強調したいのは，薬理活性天然物化合物やこれまでの医薬開発の歴史とは別の経路あるいは原理に基づいた，論理的な医薬開発が可能であるということである．以下にこれらの段階について詳しく説明する．

7.2　細胞膜に存在する標的分子の同定
―細胞表面の構造と細胞を特徴づける分子―

　図 7.4 は動物細胞の表面の模式図である．脂質 2 分子膜で構成される膜上に種々の膜蛋白質が存在し，多くの蛋白質には糖鎖が結合している（36 頁コラム参照）．蛋白質や糖鎖の多くがアニオン性基をもっており，細胞膜は全体として負電荷をもっている．

　細胞表面分子のうち，蛋白質と糖鎖の量や構造に細胞の特徴がよく現れる．例えばいくつかの種類のがん細胞では，上皮成長因子受容体 (EGFR) と呼ばれる蛋白質が多く存在している．また，いくつかの特殊な糖鎖が，がんの転移に影響を及ぼすことが知られている．このように病気の原因となる細胞の表面を特徴づける蛋白質や糖鎖，すなわち標的分子を見いだすことが重要である．標的分子を特定するため，病気の細胞を大量に培養し，その mRNA の発現解析などを通して，どのような蛋白質が異常に多く存在しているかを決定する．このような蛋白質のなかで特に細胞表面に存在するものを特定すれば，それが標的分子となる．ただし，細胞表面の標的分子を特定

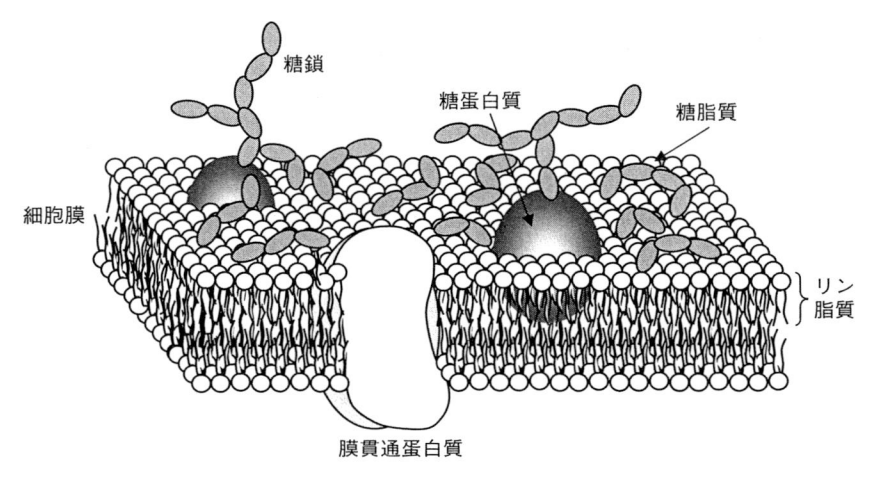

図7.4　動物細胞表面の構造

することなしに，病気の細胞だけに結合するプローブ分子をライブラリーから直接見いだす方法も可能だろう．

7.3　標的分子に特異的に結合するプローブの探索

　この段階は分子標的薬を見いだす鍵となる段階であり，まさに生物有機化学の実力が問われるところである．すでに第6章で，特定の蛋白質などに結合する核酸や蛋白質を遺伝子ライブラリーの段階からスクリーニングする方法について説明した．ここでは，標的分子に結合するペプチドや低分子化合物を，それらの化学合成ライブラリーから見いだす方法について述べる．

　100頁コラムで説明したように，ペプチド固相合成を用いると，容易に特定の配列をもつペプチドをビーズ上に作製することができる．同じ手法で広範な種類のペプチド混合物（ライブラリー）をビーズ上に作製することもできる．ペプチド合成において，単一のアミノ酸モノマーの代わりに19種類のFmocアミノ酸モノマーの混合物を用いてn量体のペプチドを合成すると，

19^n 種類の n 量体ペプチド混合物を得ることができる．20 種類の天然アミノ酸のうちシステインは分子内 S-S 結合をつくり複雑な生成物を与える可能性があるので，ライブラリーの構成アミノ酸から除いておくことが多い．同じような手法を一般の有機合成化学反応に適用することにより，種々の化合物ライブラリーを合成することもできる．これらの混合物から特定の蛋白質（標的分子）や細胞表面（標的細胞）に強く結合するプローブ分子を見いだすことができれば，応用範囲の広い創薬方法になるだろう．実際に，ペプチドライブラリーからプローブペプチドを見いだすためにいくつかの方策が取られている．そのうちの 3 例を以下に紹介する．

7.3.1 One-Bead One-Compound 法

100 頁コラムで説明したビーズを用いた固相合成法の特徴を最大限に活かして，ライブラリー構築とペプチドの選択を行うのがこの方法である．その原理を図 7.5 に示す．

まず，全体のビーズを m 等分し，それぞれに異なる種類のアミノ酸を結合させる．その後すべてのビーズを混合して完全にランダムな混合物にする．次いで再び m 等分し，それぞれに 2 番目（C 末端から 2 番目）の異なる種類のアミノ酸を結合させる．そして再び完全に混合する．この操作を n 残基のペプチドができるまで繰り返す．この操作で m^n 種類のペプチドが作製できるが，それぞれのペプチドは異なるビーズ上に存在する．つまり，あるビーズ上に存在するペプチドはすべて同じ反応履歴を経ているので，同じアミノ酸配列をもっている．しかし，異なるビーズ上のペプチドは異なる反応履歴を経ているので，異なるアミノ酸配列をもっている．これらのビーズに蛋白質や細胞を接触させ，それらが結合するビーズを選択する．選択されたビーズ上のペプチドのアミノ酸配列解析を行い，目的とするプローブペプチドのアミノ酸配列を決定する．1 個のビーズに結合した極微量のペプチドのアミノ酸配列の決定は，エドマン法による自動ペプチドシーケンサーを用いて行う．

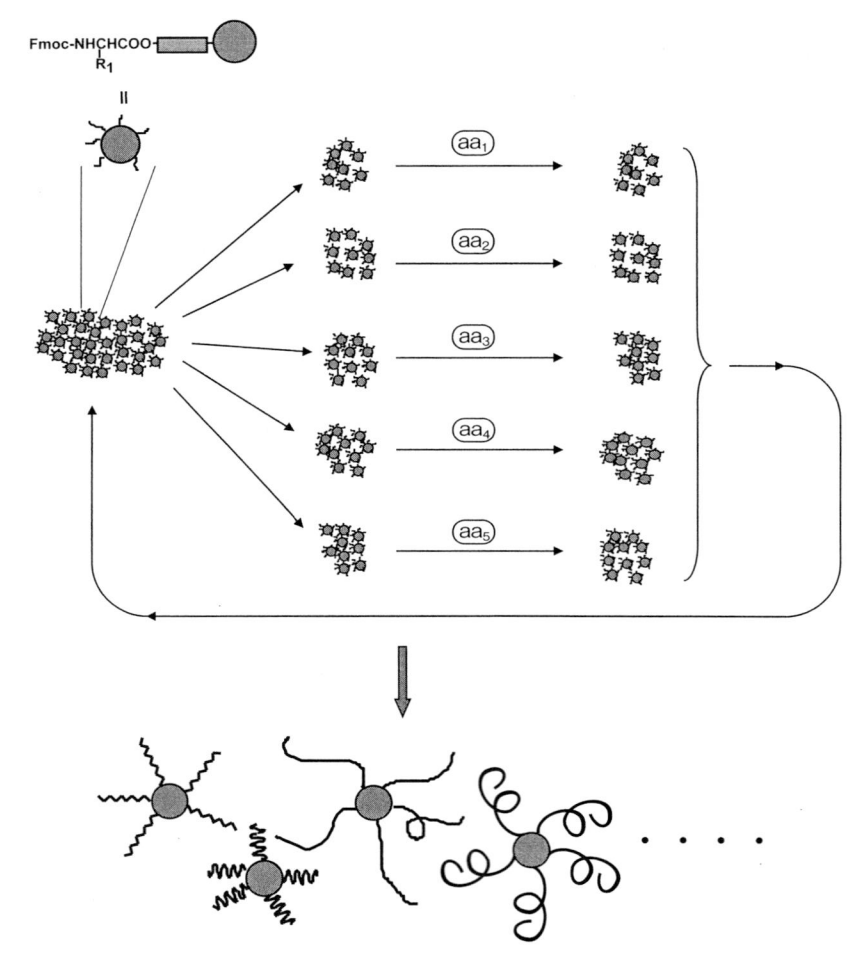

図 7.5 One-Bead One-Compound 法によるペプチドライブラリー作製

　One-Bead One-Compound 法の例として，細胞表面の蛋白質に結合するペプチドを選択した研究を紹介する（Lam ら，2006）（図 7.6）．インテグリンは細胞表面と細胞外の蛋白質（フィブロネクチンやコラーゲンなど）とを結合する受容体蛋白質群である．その一種である α4β1 インテグリンをヒト

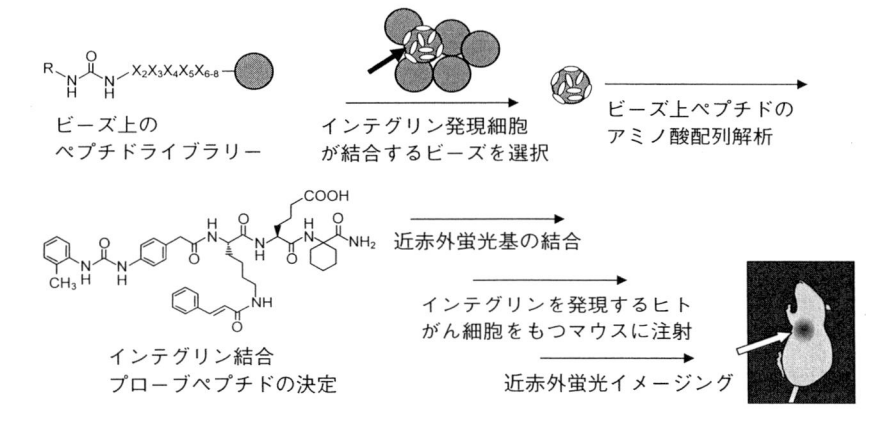

図 7.6 ペプチドライブラリーからの細胞結合ペプチドの選別と蛍光イメージング

がん細胞表面に発現させたものを作製しておく．これを標的として，その細胞と結合するビーズを選択するのである．がん細胞が結合したビーズをピンセットで取り出し，細胞を除去してからビーズ上のペプチドを切り出す．ペプチドのアミノ酸配列をペプチドシーケンサーで解析して同定する．

ビーズ上のペプチドライブラリーは，合成と選別の2過程ともビーズ上で行える点が簡便である．ビーズを m 等分しそれぞれに異なるアミノ酸を結合させる操作はかなり煩雑であるが，自動化装置も市販されている．ビーズ法の弱点はビーズ数以上の種類のペプチドは合成できないことである．例えば直径 0.1 mm 程度のビーズを 100 g 用いても，その個数は 10^8 個のオーダーである．これは 6 量体ペプチド分子の種類の数 $20^6 = 6.4 \times 10^7$ の程度であり，鎖長の長いペプチドのライブラリーについては，可能性の一部についてのスクリーニングしかできない．

7.3.2 IC タグ法

One-Bead One-Compound 法では，1 個のビーズ上の微量ペプチドについ

てアミノ酸配列を決定する必要がある．これはエドマン法による自動ペプチドシーケンサーを用いれば可能であるが，極微量の場合は困難であるし，αアミノ酸以外の成分を含むペプチド，さらには一般の化合物ライブラリーの場合は不可能である．そこでIT技術を活用して，ビーズに結合したアミノ酸の種類を合成時に記憶していく方法が提案されている．ICタグは 0.5 mm 以下の大きさのICチップであり，非接触的に情報の書き込みと読出しができる．そこでペプチド合成用の樹脂中にこのタグを埋め込んでおき，あるアミノ酸を結合させるごとに外部から電磁波を照射してその情報をチップに書き込んでいく．ライブラリーの作製，選別を行った後，選択された1個のビーズについてその反応履歴をチップから読み出す．この操作によって選別されたペプチドのアミノ酸配列がわかる．現在まだチップサイズがかなり大きいためこの方法はさほど有用とはいえないが，将来チップサイズがさらに小さくなれば大きな期待がもてる方法である．

7.3.3 位置スキャンライブラリー

何度も述べているように，固相合成法を用いればペプチドライブラリーは容易に作製できる．問題は，ライブラリー中のどのペプチドが期待する性質をもつかがわからないことである．この問題を解決する方法として，位置スキャンライブラリー法が考え出された．この方法でもアミノ酸混合物を用いてペプチド合成を行うが，特定の位置の残基だけは特定のアミノ酸を導入しておく．20種類のアミノ酸混合物をX，特定のアミノ酸をOで表すと，例えばヘキサペプチドサブライブラリー（N)-XXOXXX-(C）ではN末端から3番目のアミノ酸だけは特定のもの，それ以外は20種類の混合物である．3番目のアミノ酸を特定のものに固定した20種類のサブライブラリーを作製し，それぞれの活性を調べる．最も活性が高いサブライブラリーが見いだされれば，それに含まれている3番目のアミノ酸を以後のライブラリーで使用する．同様な操作をほかの位置を特定したサブライブラリーについて行い，

各位置のアミノ酸を順に決定していき，最終的にヘキサペプチドの全アミノ酸配列を決定する．

この位置スキャン法では $20 \times 6 = 120$ 種類のヘキサペプチドを合成しそれぞれの活性を比較することによって，結果的には $20^6 = 6.4 \times 10^7$ 種類すべてのペプチドの活性を比較したことになる．またこの方法では，サブライブラリー単位のペプチド混合物の活性を評価するので，ペプチドをビーズから切り離した混合物溶液で活性評価できる点が優れている．ビーズや基板に固定された状態のペプチドや蛋白質は溶液中とは異なる構造をとっている可能性が否定できないので，溶液中で活性評価できることは重要である．

図 7.7 に，ヘキサペプチドに位置スキャンライブラリー法を適用し，マウスのホルモン前駆体転換酵素の阻害剤を見つけた例を示す (Apletalina ら，1998)．

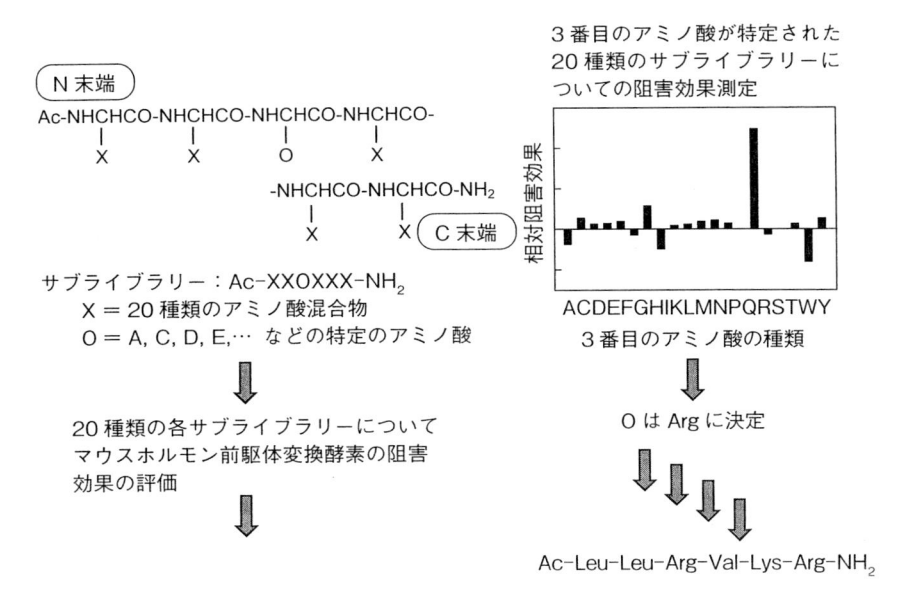

図 7.7　位置スキャンライブラリー法による酵素機能阻害ペプチドの探索

遺伝子ライブラリー法やファージディスプレイ法では，ライブラリー構築の後の分子進化サイクルには，（選択 → 増幅）×n のように増幅過程が含まれていた．ペプチドや化合物のライブラリーからの選択は，基本的にライブラリー構築 → 選択の1回限りのプロセスである．したがって，選択されたペプチドが本当にベストのものであるかどうかは疑問の余地がある．一方，創薬を目標にするなら蛋白質よりも低分子量のペプチドや有機化合物の方が，生体内の組織へすばやく到達できる点で有利である．したがってこれらの方法は競合する技術ではなく，互いに相補的な技術と見るべきであろう．ペプチドを医薬品として用いる際の問題は，それらが生体内で容易に分解されることである．配列や鎖長にもよるが，速いものでは5分くらいで分解されてしまうものがある．この問題は構成アミノ酸として，D体のアミノ酸，N-メチルアミノ酸，β アミノ酸，さらには種々の側鎖をもつ非天然アミノ酸を導入することで生体内分解を遅らせて解決されている．逆にこれらの非天然成分を自由に導入できることが，ペプチドライブラリー法や化合物ライブラリー法の優位性である．

7.3.4 細胞プローブを用いずにがん細胞特異的な薬剤送達を行う方法

細胞表面の標的分子への特異的結合という過程を必要としない，がん細胞特異的な薬剤送達法がある．がん組織が増殖するためには新生血管が必要である．この新生血管は，正常末梢血管と比べて血管壁構造が密でなく，数百 nm のサイズのナノ粒子はすり抜けることがわかっている．この現象は EPR（enhanced permeability and retention；透過亢進および保持）効果と呼ばれている．新生血管をすり抜けるサイズの高分子ミセルやナノ粒子を作製し，それらに薬剤を担持あるいは包埋すると，EPR 効果を利用したがん細胞特異的薬剤送達が期待できる．

7.4 細胞プローブや分子プローブの蛍光標識と標的細胞や標的分子の蛍光検出 —分子イメージング—

7.4.1 細胞プローブや分子プローブの蛍光標識

細胞プローブを蛍光標識すれば標的細胞を可視化することができる．ペプチドや蛋白質を蛍光標識する試薬として種々のものが市販されている．例としてヒドロキシコハク酸イミドエステルをもつものを図7.8に示す．この活性エステルはペプチドや蛋白質中のアミノ基と反応する．

これらの活性エステル基をもつ蛍光標識試薬を水中で蛋白質やペプチドと混合すると，リシン側鎖のアミノ基と反応して，蛍光基が導入される（図7.9）．ただし，この反応はどのリシン側鎖とも反応するので，バイオ直交性とはいえない．細胞特異的に結合するペプチドや蛋白質をこれらの蛍光基で標識し，それらと細胞を接触させることにより特定の細胞表面を蛍光標識することができる．

3.4.1項で述べたように，蛋白質中のフリーのSH基とマレイミド基とはバイオ直交的に反応し，位置特異的に蛍光基を導入するのに使われる．蛋白質を位置特異的に標識するには，バイオ直交反応を用いるか，あるいは第4

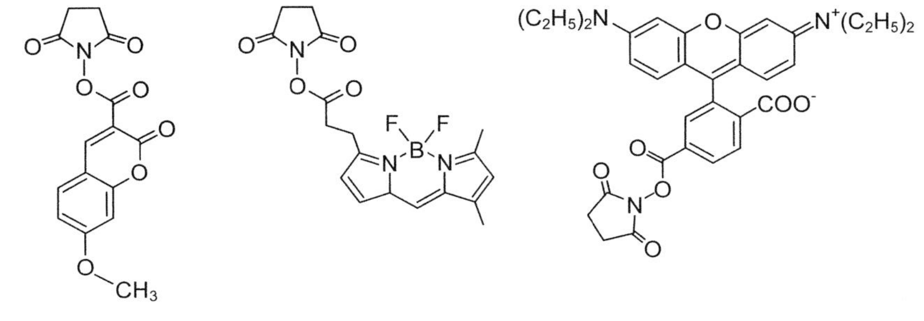

メトキシクマリン基
λ_{ex}（励起）= 327 nm
λ_{em}（蛍光）= 383 nm

BODIPY基
λ_{ex} = 490 nm
λ_{em} = 511 nm

ローダミンB基
λ_{ex} = 543 nm
λ_{em} = 555 nm

図7.8 ヒドロキシコハク酸イミドエステルをもついくつかの蛍光標識試薬

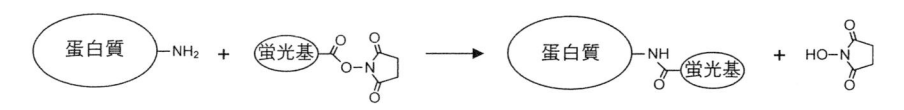

図 7.9　ヒドロキシコハク酸イミドエステルをもつ蛍光標識試薬と蛋白質のリシン側鎖のアミノ基との反応

章で説明した非天然アミノ酸導入法を用いなければならない．

7.4.2　共焦点レーザー走査蛍光顕微鏡

蛍光標識した細胞プローブや分子プローブが細胞のどの部分に結合しているかを観察するには共焦点レーザー走査蛍光顕微鏡を用いる．その原理を図 7.10 に示す．

共焦点レーザー走査蛍光顕微鏡では，位相の揃ったレーザー光を用いて光の拡散を抑制し，また光検出器の手前にピンホールを置くことによって特定

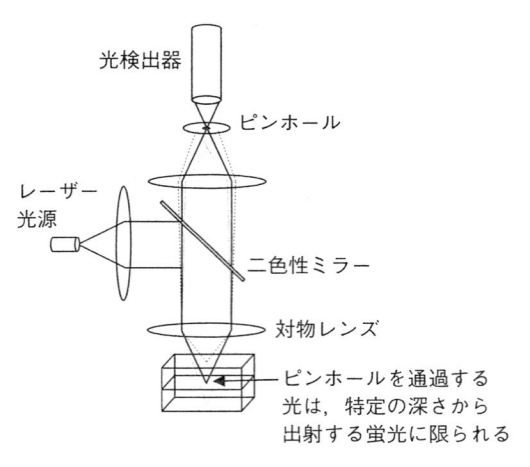

共焦点画像：蛍光標識した細胞骨格に焦点が合っている．
オリンパス（株）提供

図 7.10　共焦点レーザー走査蛍光顕微鏡の原理
レーザー光源から出た光はミラーによって下向きに進み，対物レンズで試料に当てられる．この光で励起された蛍光は二つのレンズでピンホールに集光される．ピンホールによって特定の深さから出てきた蛍光だけが検出器に到達する．右図はこの顕微鏡で得られた細胞の画像．蛍光標識した細胞骨格が明確に観察できる．

の深さ方向だけの情報を得るように設計されている．その結果，細胞のどの部位に蛍光基が存在するかを数十 nm 程度の分解能で観測することができる．現在では蛍光法を用いた細胞機能解析に欠かせない道具になっている．

7.4.3 近赤外蛍光標識剤を用いた生体イメージング

がん細胞などの特定の細胞表面に結合する分子を蛍光標識し，それを生体に導入すると生体内で標的細胞を蛍光標識することができる．この方法を用いると，ほとんど患者に負担をかけることなく（非侵襲的に）病気の診断ができるだろう．一般に光は血液中のヘモグロビンなどによって吸収されるために，体の深部には届かない．しかし約 700 nm 以上の近赤外光は吸収や散乱を受けることが少ないので，この領域に励起，蛍光波長をもつ蛍光基は体表面から数 cm の範囲では光励起と蛍光観測が可能である．このような用途に利用できる色素として Alexa Fluor 680 やインドシアニングリーン（図7.11）などがある．

すでに図7.6にはマウス中のヒトがん細胞を Alexa Fluor 680 を用いて観測した例を示した．蛋白質などを蛍光標識し，その細胞内分布を共焦点レーザー走査蛍光顕微鏡で観測することを分子イメージングという．さらに特定の細胞を蛍光標識し，その細胞の生体内分布を3次元画像として取り出すこ

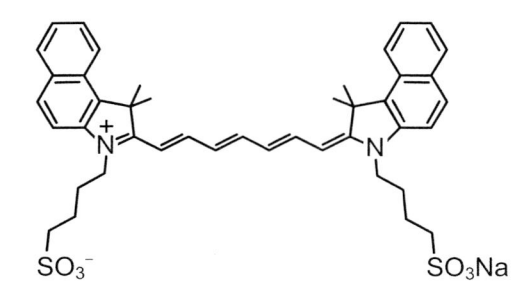

図 7.11 インドシアニングリーン（λ_{ex} = 790 nm, λ_{em} = 810 nm）
ヒトへの投与が認可されている暗緑青色の蛍光化合物．

とを生体イメージングという．分子イメージングや生体イメージングは，蛍光標識のための有機化学，標的蛋白質や標的細胞に結合する分子のスクリーニングなどの生物有機化学，および極微弱蛍光の検出と画像処理などの光科学が結びついた医療診断技術である．今後，さらに感度のよい蛍光基の開発，標的細胞に高特異的に結合する分子の探索，またより高感度の蛍光検出と画像処理技術などの展開が望まれている．

7.4.4　蛍光法以外の生体イメージング

近赤外光といえども生体組織による散乱は避けられず，上の方法で蛍光観測できるのは体表面から数 cm に存在する組織に限られる．生体中を自由に通過する電磁波としてガンマ線がある．ある種の放射性同位元素は陽電子崩壊に伴って陽電子（e^+）を発生するが，これが周囲の電子（e^-）と衝突して消滅する際にそのエネルギーがガンマ線として放射される．したがって，上述の細胞プローブに陽電子崩壊する放射性物質を導入しておき，放射されるガンマ線の位置と方向を測定することにより，特定の細胞の生体内分布を3次元画像として可視化することができる．この方法による診断を陽電子放射トモグラフィ（PET）と呼ぶ（図 7.12）．PET 法に用いられている放射線同

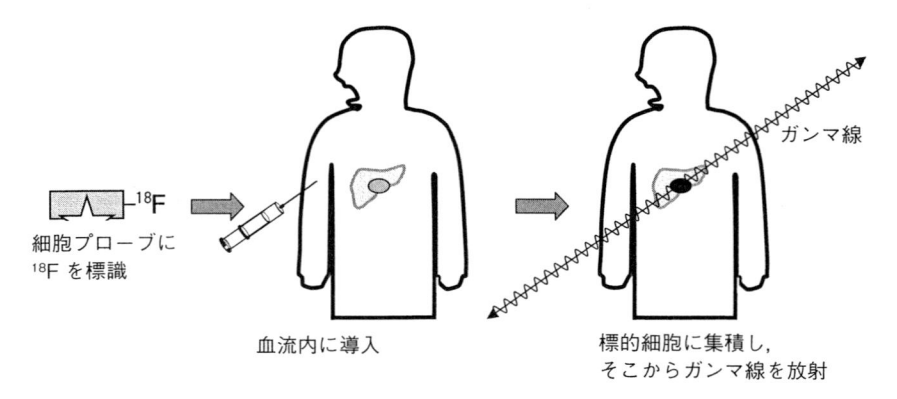

図 7.12　PET 法による生体イメージングの原理

位元素には ^{11}C（→ ^{11}B，半減期20分），^{18}F（→ ^{18}O，同110分）などがある（半減期とは放射能が1/2になるのに要する時間である．半減期の2倍の時間が経過してももとの放射能の1/4はまだ残っているので，測定は可能である）．

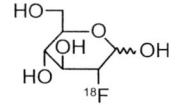

図7.13 PET法によるがんの診断に用いられるFDG

現在PETに実用化されている分子は[^{18}F]-2′-デオキシ-2′-フルオログルコース（FDG；図7.13）である．この物質はいままで述べてきた細胞プローブとは異なる機構でがん細胞に集積する．FDGはグルコースの類縁体として代謝過程に入るが，6-リン酸誘導体の段階でそれ以上の酵素反応を受けずに止まってしまう．その結果，がん細胞などの代謝の活発な部位に^{18}Fが蓄積され，そこからガンマ線を放射するのである．

PETは高感度生体イメージング手法として実用化されている．しかし，^{11}Cや^{18}Fなどの放射性元素は半減期が短いので，患者を診断する場所に小さな原子炉を設置して放射性核種を作製しなければならない．また，それを含む化合物も毎回その場で迅速に，自動合成機を用いて合成しなければならない．その結果，PETは非常に手間とコストがかかる診断方法になっている．さらに何度も診断していると，患者の放射線被曝量も無視できないだろう．

磁気共鳴イメージング（MRI）法は人体を試料とするNMR（核磁気共鳴法）であり，特定の核の分布を体外から非侵襲的に観測する手段である．現在普及しているMRIは，プロトンのスピン緩和時間の違いを人体の各部位で観測し，それを3次元画像化している．プロトンは体内のどこにでも大量に存在するため，その情報をコントラストのよい画像にするのにスピン緩和時間測定というやや特殊な手段を用いている．生体中にはほとんど存在しないが強いNMR信号を出す核としてフッ素がある．これを細胞プローブに結合して標的細胞に集積すれば，特定の組織からのNMR信号が得られるだろう．この原理によるMRI診断はまだ感度が低いために実用化されていないが，将来多数のフッ素を含む細胞プローブの開発が進めば実用化されるだろう．

種々の生体イメージング技術が提案されているが，共通したポイントは特異性の高い細胞プローブを見つけることと，それらの機能を損なわずに蛍光基や ^{18}F などのプローブ分子を結合させるということである．この分野での生物有機化学者の活躍が強く望まれている．

7.5 抗体を用いた分子標的薬

特定の細胞や特定の分子に結合する分子をペプチドや遺伝子のライブラリーから選択する方法に代わって，標的分子に対するモノクローナル抗体を作製し，それらを細胞プローブや分子プローブとして使う方法が実用化されている．ある種の乳がん細胞では，上皮成長因子受容体の一種である HER2 が過剰に発現していることが知られている．その細胞をマウスに移植すると，マウス型抗 HER2 抗体が作製できる．この抗体の抗原結合部位だけを取り出してそれをヒト型抗体に挿入することによって，ヒト型の抗 HER2 抗体が得られる．この抗体を患者の体内に入れるとがん細胞表面の HER2 に結合し，それがマクロファージ（生体内で異物を取り込んで分解する細胞）などによるがん細胞への攻撃を引き起こす．この方法での分子標的薬はトラスツズマブ（商品名　ハーセプチン）として実用化されている．同様にある種のリンパ腫で発現している膜蛋白質である CD20 を抗原とした抗体医薬も実用化されている．

抗体医薬の特徴は，単に高特異的に標的細胞や標的分子に結合するだけでなく，それらに結合することによって本来の生体防御機構（抗体依存性細胞障害）を活性化し，抗原を排除することができる点にある．

がん細胞はもともとは自己の細胞であるため，体内では免疫反応が起こりにくい．そのため上述のモノクローナル抗体の作製でも，ヒトのがん細胞をマウスに移植してマウスに抗体をつくらせ，その抗原認識部位をヒト型の抗体に導入するというまわりくどい手法を用いている．一方，ヒトの体内でが

ん細胞に対する抗体をつくらせるがんワクチン療法も試みられている．がん細胞特異的に発現している標的蛋白質の一部分のペプチドを作製し，それを抗原として投与して抗体をつくらせる．このがんワクチン療法では，ヒトが本来もっている異物排除機構をそのまま利用しているので，副作用はほとんどないはずである．

抗体を分子標的薬として用いる方法は大きな期待がもたれているが，この教科書の範囲を超えるのでこの程度の紹介にとどめておこう．

7.6 現在使用されている抗がん剤

現在がん治療に使用されているいくつかの抗がん剤を紹介しよう．

シスプラチンは黄色の結晶性粉末で，水に難溶であるが生理食塩水に溶かして点滴する．この抗がん剤は，白金電極まわりの大腸菌が増殖しないことから偶然発見された．二本鎖DNAの内部に結合して機能を阻害するものであるが，配列特異的ではないし，もちろん細胞特異的でもない．

アドリアマイシンは，図7.14のような構造をもつ赤色結晶粉末である．DNAにインターカレーションすることによってその機能を阻害するが，やはり配列特異性や細胞特異性はない．

5-フルオロウラシルは核酸塩基アナログとしてDNA中に導入され，その機能を阻害する．タキソールは近年注目されている抗がん剤である．イチイの木から微量とれ，細胞分裂（M期）の進行を止めるといわれている．複雑な立体構造をもつが，天然からは微量しか採取できないので人工合成が必要である．全合成が達成された現在でも，その大量合成が有機合成化学者の挑戦課題となっている．

これらの抗がん剤はDNA複製や細胞周期に対して作用するものであり，がん細胞が正常細胞よりも活発に増殖する性質に依存している．したがって，がん細胞以外で分裂の速い細胞，すなわち骨髄中の造血細胞，消化管上皮細

PtCl$_2$(NH$_3$)$_2$　シスプラチン

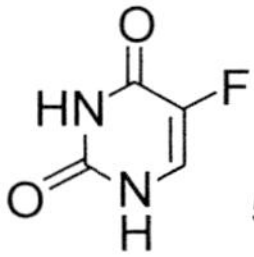

5-フルオロウラシル

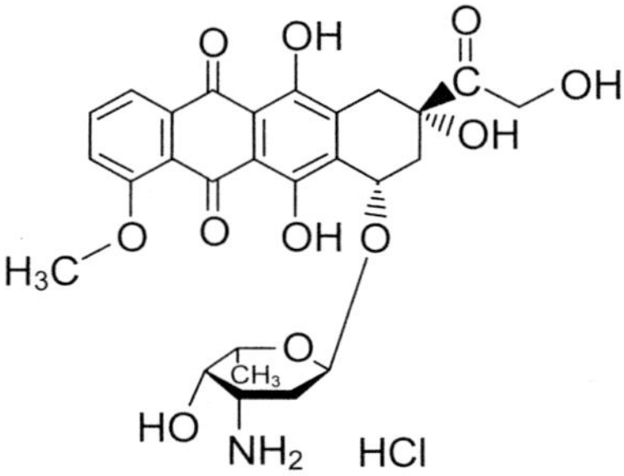

アドリアマイシン

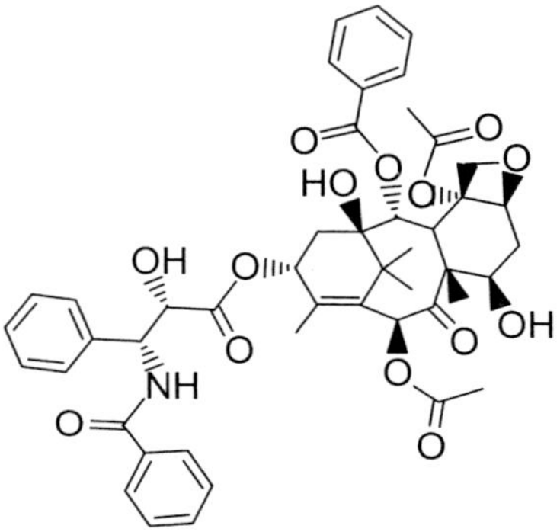

タキソール

図 7.14　現在実用化されている抗がん剤

胞，毛嚢といった細胞も同時に傷害を受けてしまう．そのためこれらの抗がん剤は白血球減少，血小板減少，消化器障害，脱毛などの副作用を共通して示すのである．

7.7　細胞への薬剤導入

　細胞プローブに蛍光基や薬剤をつなげることで，それらを標的細胞に集積させることができる．しかし，この方法を治療にまで進めるときには薬剤を標的細胞表面に集積させるだけでなく，それを細胞内に導入する必要がある．つまり，種々の抗がん剤や第5章で述べたアンチセンス分子，リボザイム，siRNAなどは，細胞中に導入されて初めて効果を発揮するのである．
　細胞膜を構成する脂質二重膜（図7.4参照）は，細胞外から細胞内への物質の透過を制限している．小さい分子，例えば水，エタノール，尿素（分子

量60) などの非イオン性低分子化合物は膜中を拡散してすばやく通過する．しかしグリセリン（分子量92）になると拡散は遅くなり，分子量180のグルコースになるとほとんど通過できない．また電荷をもつ分子やイオンは水和されていてかさ高いので，Na^+ や K^+ のような小イオンでも脂質二重膜中の拡散速度は水の 10^9 分の1しかない．脂質二重膜が多くの物質の透過の障壁となることは，細胞がその構造を保つために非常に重要な性質である．一方，細胞は必要に応じて種々のイオンや糖，アミノ酸，ヌクレオチドなどの栄養素を取り込む必要がある．これらを取り込むためには，それぞれ専用の輸送機能をもつ蛋白質が細胞膜に組み込まれた形で用意されている．

蛋白質や核酸などの高分子は通常細胞膜を透過することはできず，またそれらを細胞内に輸送する機能をもつ蛋白質も一般には存在しない．そのため，それらの高分子は外液から細胞内に導入することが困難である．一方，ウイルスはDNAやRNAを細胞に効率よく導入している．また，近年細胞透過性を担うペプチドが見つかり，その配列を付加した蛋白質やDNA, RNAなどが細胞内に進入することなどもわかってきた．

低分子やホルモン類の細胞膜透過機構，ウイルスのDNA, RNA運搬機構，あるいはある種の蛋白質の細胞膜透過機能を解明し，応用することにより，種々の薬剤の細胞導入を実現させることができるだろう．この節では種々の膜透過機構を解説し，どのような分子がどのような機構で導入されるかについて述べる．

7.7.1 種々の細胞膜透過機構

1) 細胞表面への集積

膜透過性をもつ低分子化合物を自由拡散により効率よく細胞内に進入させるためには，それらを細胞表面に集積させることが必要である．細胞膜は7.2節冒頭で説明したように一般に負に荷電している．そのためアニオン性低分子化合物は細胞膜表面に近づきにくくなり，細胞内に入りにくい．DNA

やRNAのようなアニオン性高分子はさらに強く負に荷電しているため，静電的反発により細胞表面に近づけない．これらの高分子はもともと膜透過性が著しく低いこともあり，そのままでは細胞内には入れないのである．逆にカチオン性分子は静電的相互作用により細胞膜表面に積極的に吸着する．後述のカチオン性脂質を用いた細胞導入でも，その最初の段階は静電力による細胞表面への集積と考えられる．

細胞表面上には蛋白質や糖鎖などでできた，種々の分子の受容体が存在する．これらとの特異的な結合を利用する分子集積法もある．受容体と特異的に結合するホルモンや抗体などと細胞導入したい物質とをつなげることで，後者を細胞膜上に集積させることができる．この方法は細胞表面の受容体特異的であり，特定の細胞に分子を送達することが可能となる．

2）直接膜透過

細胞膜を構成する脂質二重膜の内部はきわめて疎水的である．したがって脂溶性とある程度の水溶性を併せもつ物質は，外液と膜内部とのあいだで動的な平衡状態にあると考えられる．すると当然膜内部と細胞質側とのあいだにも平衡が成立し，結果として，そのような物質は細胞膜をすり抜けることができるだろう（図7.15）．7.8節で紹介する種々の低分子脂溶性薬剤は，このような直接膜透過機構により細胞に進入していると考えられる．

脂溶性とある程度の水溶性をもち，しかもカチオン性の化合物としてカチオン性脂質が考えられる（図7.16 (a)）．もしこれらの分子が水溶液中で単独の分子として存在するならば，それらはかなりの頻度で細胞膜を直接透過するだろう．しかし現実にはこれらは水溶液中でミセル状集合体あるいはリポソーム（2分子膜でできた中空の球殻状分子集合体）として存在することが多い（図7.16 (b)）．そのため，これらは膜を直接透過する以外に，次に述べるエンドサイトーシス経由の膜透過をすることが多いのである．

3）エンドサイトーシスを介した膜透過

エンドサイトーシスは，細胞外の分子を細胞内に取り入れるために，細胞

7.7 細胞への薬剤導入

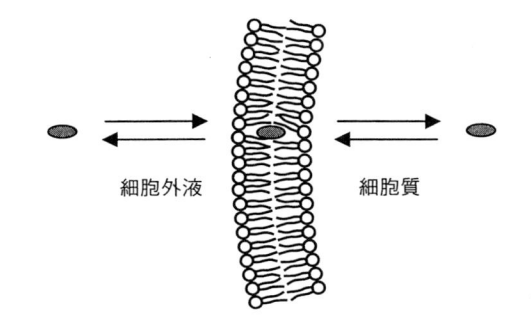

図 7.15 直接膜透過機構

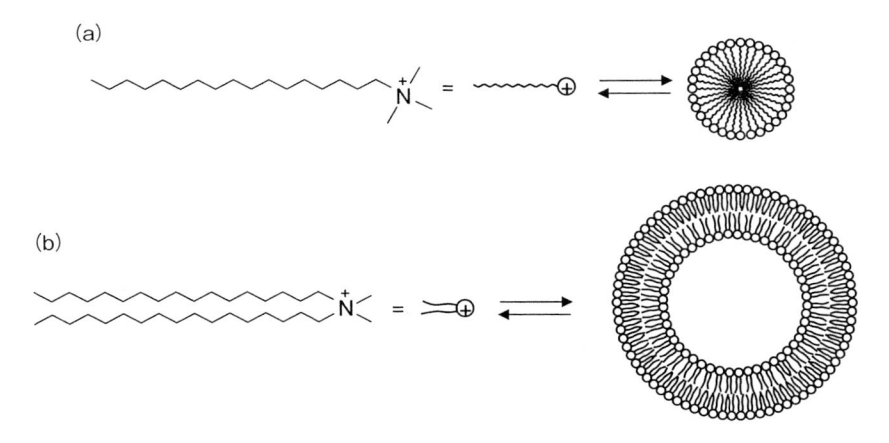

図 7.16 カチオン性脂質の水溶液中での集合構造
(a) カチオン性一本鎖脂質はミセル構造をとることが多い．
(b) カチオン性二本鎖脂質はリポソーム構造をとることが多い．

表面近傍にある分子を脂質二重膜からなる小胞で包み込む仕組みである（図7.17）．代表的なエンドサイトーシスの一つであるクラスリン依存的エンドサイトーシスについて説明しよう．細胞表面の一部が陥没し，くびり取られて小胞となる．この小胞形成は 1 細胞あたり毎分 2500 個という非常に速いペースで起こっており，それにはクラスリンと呼ばれる蛋白質が関与している．細胞近傍の分子はこの小胞の内部に引き込まれる．小胞は細胞膜近傍に

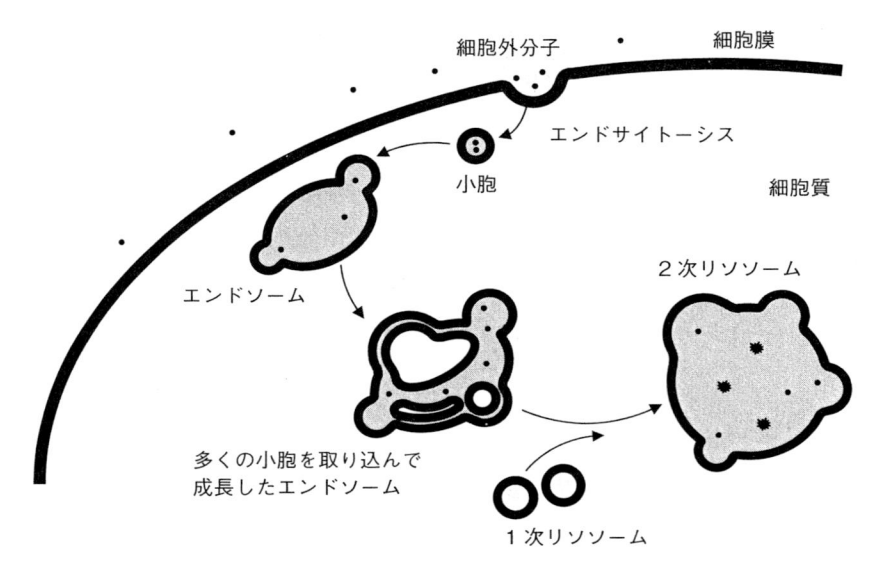

図7.17 エンドサイトーシス機構による細胞外分子の取り込み

あるエンドソームと融合し，5〜15分後には細胞の中心部まで移動する．その後1次リソソームと呼ばれる様々な加水分解酵素を含む小胞と融合することで2次リソソームとなる．2次リソソームの中で，細胞外から運ばれてきた物質の一部は酵素によって分解され，細胞質に運び出されて栄養源として利用される．取り込まれた分子が酵素分解耐性である場合は，2次リソソームの分解によってそれらは細胞質まで導入されることになる．

　上で述べたように，蛋白質のような大きな分子，また核酸のように負に荷電した分子はそのままでは細胞に導入できない．そこでそれらを細胞透過性に優れた種々の低分子カチオン性脂質でくるみ込むことによって細胞に導入することが考えられる．実際に図7.16の (a) や (b) のようなカチオン性脂質，あるいはそれらを高分子化したカチオン性高分子などと核酸や蛋白質を混合あるいは結合し，細胞と接触させると，それらは細胞中に容易に導入されるのである．このカチオン性脂質分子を用いた細胞導入の機構について，共焦

点レーザー走査蛍光顕微鏡を用いて詳しい観察がなされた．すると意外な事実がわかった．カチオン性脂質やそれにくるまれた核酸，蛋白質は直接膜透過によって細胞質に導入されるのではなく，いったんエンドサイトーシスによって小胞中に入るのである．例えば，図7.18は蛍光標識したペプチド核酸をカチオン性脂質とともに哺乳動物細胞に導入したものであるが，蛍光は細胞質全体に広がるのではなく，小胞あるいはエンドソーム中にとどまっていることが明らかである．

エンドサイトーシス機構でエンドソーム内に取り込まれた蛋白質や核酸は，最終的に細胞質に移行する．このことは，それらが細胞に与える応答，すなわち機能発現から確かである．しかし，エンドソームから細胞質に移行するメカニズムは，現在まだ解明されていない．この移行はエンドサイトーシスそのものと比べて非常に効率が悪く，また数時間もかかるので細胞導入の律速段階になっている．エンドソームから細胞質に移行する過程の究明と，それを効率よくかつ速やかに起こさせる条件の探索が現在必要とされている．

カチオン性脂質や高分子のほかに，CPP (cell penetrating peptide) と呼ばれるカチオン性ペプチドは，それをつなげるだけで目的物質を細胞質まで運

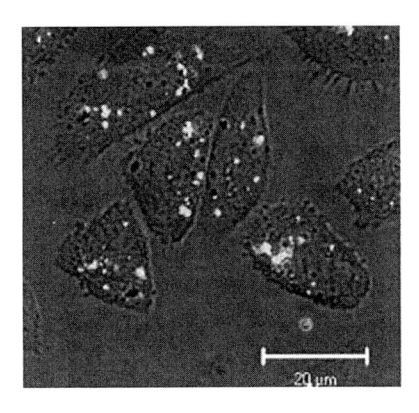

図7.18 エンドサイトーシス機構による蛍光標識ペプチド核酸の細胞導入

ぶので近年注目されている．代表的な CPP として，HIV（ヒト免疫不全ウイルス）由来の TAT タンパク質に含まれる TAT ペプチド配列（YGRKKKRRQRRR）や，アルギニンオリゴマー（R_8）などが知られている．ただし，これらのペプチドを融合した蛋白質もやはりエンドサイトーシスによっていったん細胞内小胞に取り込まれ，そのあと細胞質に移行することが多い．これらの CPP を利用して種々の蛋白質を細胞に導入し，それらの生理機能が研究されている．さらに，蛋白質を一時的に細胞導入する治療法も提案されている．これは，遺伝子治療のような長期間にわたる細胞機能改変に基づく危険性が少ない，安全な治療法といえる．

4）ウイルス型の物質輸送方法

ウイルスは，蛋白質や脂質で構成される殻の中に DNA や RNA を閉じ込めた構造をもっている．ウイルスはそれ自身では増殖する能力はなく，増殖に必要な蛋白質をコードする DNA や RNA を細胞内に運び込み，宿主細胞のシステムを利用して増殖する．これを可能にするため，ウイルスは自身の DNA や RNA を細胞内に運び込み，そこで増殖するための様々な戦略をもっている．これらの機能をうまく借用することによって，薬剤の細胞導入や遺伝子の核への導入が可能になると期待できる．ここではウイルスが細胞に感染する代表的な三つの経路について説明する（図 7.19）．

感染経路 1：ウイルス外膜が細胞膜に融合する

ウイルスは，細胞膜表面の特定の蛋白質や糖鎖に結合する蛋白質をもっており，これを足がかりとして細胞表面に結合する．これはどのウイルスにも共通した感染の第 1 段階である．その後の導入機構は，ウイルスによってかなり異なる．センダイウイルスや HIV などは細胞膜表面に結合すると，それまでウイルス外膜に隠れていた細胞膜との融合を助けるペプチドが露出し，ウイルス外膜と細胞膜が融合する．この融合によってウイルス内部の RNA が細胞質に放出される．

感染経路 2：ウイルス外膜が細胞内でエンドソーム膜と融合する

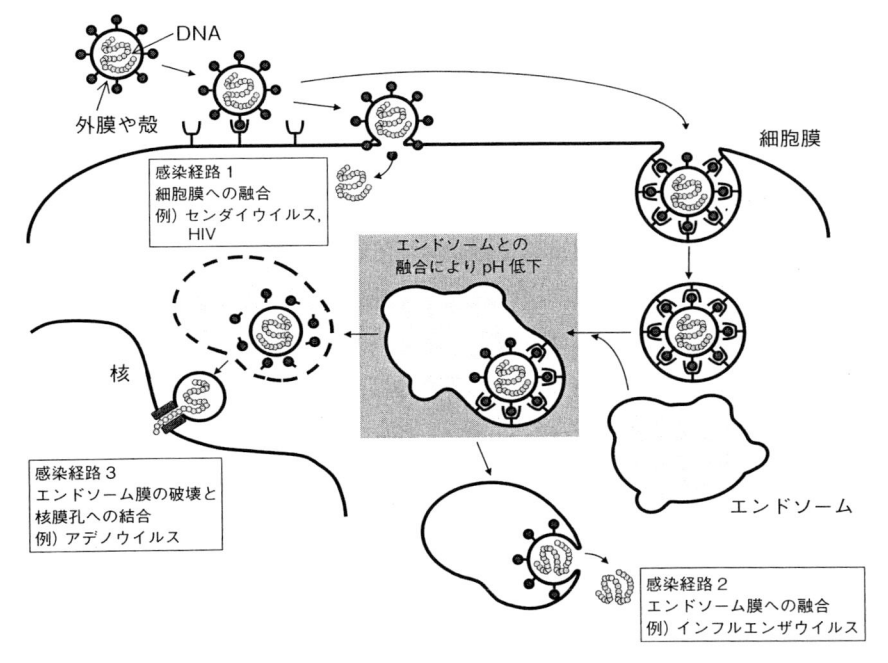

図7.19 ウイルス内容物の細胞内放出機構
ウイルスは宿主細胞の遺伝子中に自分の遺伝子を挿入し,そこで増殖する.

　一方,インフルエンザウイルスは,細胞表面に結合後エンドサイトーシスによって取り込まれる.エンドソーム内部が酸性環境になったところで外膜蛋白質に構造変化が起こり,細胞融合ペプチドが露出して,ウイルス外膜とエンドソーム膜が融合する.これによってウイルス内部のRNAが細胞質に放出される.
　感染経路3:ウイルス外殻蛋白質がエンドソーム膜を破壊し,さらにウイルスが核膜孔に結合する
　アデノウイルスは外殻が蛋白質のみで構成されているため,主に脂質で構成される細胞膜とは融合できない.アデノウイルスはエンドサイトーシスで取り込まれた後,酸性環境において外殻を構成する蛋白質の一部を切り離す.

切り離された蛋白質ドメインがエンドソーム膜を溶解すると，ウイルス本体部分が核まで移動して，核膜孔からDNAを核内に放出する．

　ウイルスは宿主細胞の遺伝子中に自分の遺伝子を挿入し，そこで増殖する機能をもっている．この機能を借用するのが，ウイルスを用いた遺伝子治療である．遺伝子治療では外部から導入された遺伝子が生体内で常に機能しているので，その中に目的遺伝子を組み込むと目的蛋白質を持続的に補給することになる．この原理で遺伝子の異常による病気を治療することができる．遺伝子治療に使うウイルスは，病原性の低いウイルスもしくは複製ができないように加工したアデノウイルスなどである．特に後者ではDNAを核まで直接運び込むため，遺伝子導入効率が圧倒的に高い．

　別の型のウイルスも遺伝子導入に利用されている．センダイウイルス，HIV，インフルエンザウイルスなどはRNAを細胞に導入し，細胞中で逆転写酵素を発現させる．このようなウイルスをレトロウイルスという．レトロウイルスに感染した細胞は，その内部で逆転写酵素が作用し，ウイルスRNAを鋳型にして二本鎖DNAが合成される．この二本鎖DNAは宿主細胞のゲノムDNAに組み込まれ，恒常的に発現されるようになる．レトロウイルスを用いた方法は細胞ゲノムへの遺伝子導入に適しており，アデノウイルスとならんで遺伝子治療に活用されている．

　残念ながらウイルスを用いた遺伝子の導入は，ウイルス自体の副作用やウイルス由来の遺伝子が体内に残留するなど，安全性の面で十分ではない．これらの問題を回避するために，ウイルスの殻だけを作製しそれを利用したものや，脂質二重膜でつくったカプセルなども盛んに開発されている．

5）機械的方法による細胞への物質導入法

　カチオン性脂質やウイルスを用いる方法のほかにも，エレクトロポレーションやマイクロインジェクション法などの種々の人工的な細胞内薬剤導入技術が開発されている．これについてはすでに2.3.3項で紹介した．これらの方法は医療そのものには使用できない．

7.8 細胞中の特定の分子に作用する分子標的薬剤

もし標的細胞だけに結合する理想的な細胞プローブが見いだされたならば，それらに薬剤を結合させることにより特定の病気の細胞だけを死滅させることができる．この場合，細胞に導入する薬剤成分としては特に病気の細胞だけを標的にするものでなくてもよいわけである．しかし実際には理想的な細胞プローブの作製は困難であり，細胞中に導入する薬剤も細胞内の特定の蛋白質や核酸などの標的分子だけに作用するものが望ましい．逆に，もし病気の細胞中の特定の分子にだけ作用し，正常細胞中に導入されてもまったく何の副作用もない薬剤があれば，それを標的細胞にだけ送達する必要はないはずである．しかし，正常細胞中にも多少は同じ標的分子が存在するのが普通なので，このような理想的な分子標的薬剤は存在しないだろう．やはり理想的には体内の標的細胞だけに薬剤が送達され，またその薬剤は標的細胞中の特定の分子にだけ作用することが望ましいのである．

この節では，現在医療現場で使用されている分子標的薬のいくつかについて紹介する．実際にはすでにかなりの数の有望な分子標的薬が治験段階に入っており，今後その数が急速に増えることは確実である．これらの医薬は，細胞中の特定の分子に作用するが，特定の細胞にだけ集積する機能はもっていない．

7.8.1 現在実用化されている分子標的薬

がん細胞では蛋白質の一種である上皮成長因子受容体 (EGFR) が多く発現している．EGFR は細胞内の蛋白質のチロシンをリン酸化して，それを活性化する機能 (チロシンキナーゼ機能) をもっている．ゲフィチニブ (商品名 イレッサ；図 7.20 上) はこのチロシンキナーゼ機能を阻害する薬剤で，肺がん治療薬として使用されている．この薬剤は細胞内に導入され，細胞質側から EGFR に結合してチロシンキナーゼ機能を阻害する．

イマチニブ（商品名 グリベック；図7.20下）は慢性骨髄性白血病の分子標的治療薬である．その標的は白血病だけに発現する Bcr/Abl という蛋白質であり，やはりそのチロシンキナーゼ機能を阻害する．これらの2種の抗がん剤は類似の骨格構造をもっているが，それはこれらがいずれも標的蛋白質のチロシンキナーゼ阻害という共通の機能をもつことに原因がある．図7.21の化合物は，セリンやスレオニンをリン酸化するプロテインキナーゼCの阻害剤として見いだされていた．

この化合物の誘導体を数多く作製することにより，最終的に最も高い特異性をもつ薬剤が開発されたのである．このように，薬剤開発の出発点となる化合物のことをリード化合物といい，これを見いだすことが創薬の第1段階

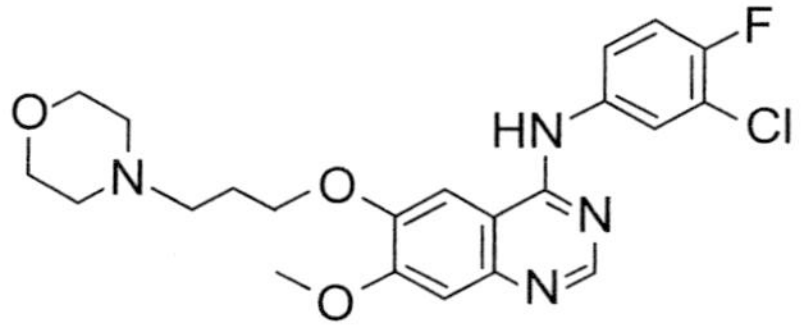

ゲフィチニブ

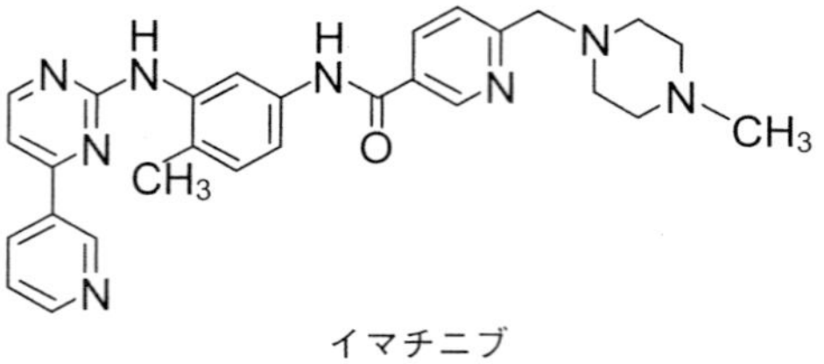

イマチニブ

図7.20　現在実用化されている分子標的薬

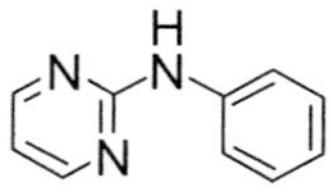

図7.21　ゲフィチニブとイマチニブに共通のリード化合物

7.8 細胞中の特定の分子に作用する分子標的薬剤　　　177

となっている．生物有機化学は，ペプチドライブラリー，化合物ライブラリー，DNAライブラリー，RNAライブラリー，ファージライブラリーなどから効率よく特定の分子を選択する方法，すなわちリード化合物を見いだす種々の方法を提供するのである．分子標的薬をペプチドライブラリーや化合物ライブラリーから見いだす方法は，7.1節で述べたプローブ分子を見いだす方法と同じである．

　分子標的薬は細胞内で特定の標的分子とだけ結合するので，従来の抗がん剤と比べて副作用が少ないといわれている．しかし特定の細胞を標的にする機能はないので，副作用が完全にないわけではない．

7.8.2　理想的な薬剤を目指して

　理想的な薬剤とはどのようなものであろうか．すでに解答は示してある．すなわち異常のある特定の標的細胞だけに結合する細胞プローブに，細胞導入が容易で細胞内の特定の分子とだけ作用する分子標的薬を結合させたものである．また細胞プローブと分子標的薬との切り離しが細胞表面で容易に起こることが望ましい．

　がん細胞特異的に発現する蛋白質や糖鎖はかなり明らかになっているし，この章で説明したようにそれらに結合する細胞プローブや分子プローブの探索方法も確立しつつある．実際，このような方法で種々の医薬品が見いだされたり，あるいはがん特異的な蛋白質や糖鎖を抗原とする抗体やその抗体を誘導するワクチンも開発されてきた．これらの進歩の結果，がんについてもかなり有効な薬が開発され実際に使用されるようになった．現在開発中のものも含めれば，大きな進歩がこの10年くらいに起こっている．しかし当然ながら，これでがんなどの難病がすべて解決できるというわけではない．まだまだ大きな問題が残っている．

　第1に，細胞表面の蛋白質や糖鎖は多種多様であり，がん細胞特異的なものを見いだすのは困難である．さらに同じ臓器のがんでも，その細胞表面で

特異的に発現している蛋白質は患者によって異なることがある．このような場合，分子標的機能があだとなり，ある患者に有効な薬が別の患者には無効になる可能性もある．理想的には患者個人個人について病気の細胞を取り出し，それに特異的に結合する薬を個別的に見いだすことが必要である．これをテーラーメード薬と呼ぶ．患者の遺伝子解析や患者から取り出した細胞を用いたスクリーニングなどによってテーラーメード薬を迅速に作製し，それぞれの状態に最適化した薬を投与することが望まれる．そのためには，現在の分子進化法やペプチドライブラリー，あるいは化合物ライブラリーからのスクリーニング手法の最適化と高速化が必要であり，そこには生物有機化学者のアイデアと努力が要求されている．

図 7.20 に二つの例を示したが，現在までに開発されている医薬は，細胞内で機能する分子標的薬に偏りすぎている嫌いがある．一方，細胞プローブ分子についてはまだほとんど実用化されていない．それはいままでの創薬研究が，分子生物学を学んだ研究者を中心に推進されてきたため，どうしても関心が細胞内での分子の機能とそれらの相互作用に向いていたからであろう．また細胞プローブは蛋白質や糖類など多種類の細胞表層分子を対象とするので，有効な分子の探索が困難であることも理由の一つであろう．今後は生体内で薬剤を標的細胞に送達する細胞プローブの開発，およびそれらを用いた薬剤送達が薬剤開発の中心課題となるであろう．そのためには生物有機化学の手法の導入と，この分野の発展がどうしても必要である．

DNA マイクロアレイ

多くの細胞機能が mRNA の発現量によって制御されていることは第 5 章で述べた．どのような mRNA がどれだけ発現しているかを調べることにより，生物の状態を明確にすることができる．また遺伝子の異常に原因する疾病の診断には，ある遺伝子の特定の位置がどのような配列になっているかを見る

7.8 細胞中の特定の分子に作用する分子標的薬剤　　179

ことが重要である．多くの DNA や mRNA の配列情報を一挙に知る方法があれば，このような研究や診断は一挙に加速される．このような用途のために開発されたのが DNA マイクロアレイ（DNA チップ）である．

配列がわかった多種類のオリゴ DNA を基板上の小さなスポット上に固定する．これに蛍光標識した未知 DNA 試料水溶液を加えると，相補配列をもつ DNA 同士だけが対合し，そのスポットだけが蛍光を放射する．これによって，試料中にどのような配列の DNA あるいは RNA が存在しているかを簡単に知ることができる．なお，未知 DNA 試料の蛍光標識は，それらを PCR 増幅する際に 3.2.2 項で紹介した蛍光標識ヌクレオシド 3 リン酸を少量混合することによって行う．未知 RNA 試料の場合は RT-PCR を行って，蛍光標識 DNA を作製してからマイクロアレイ解析を行う．

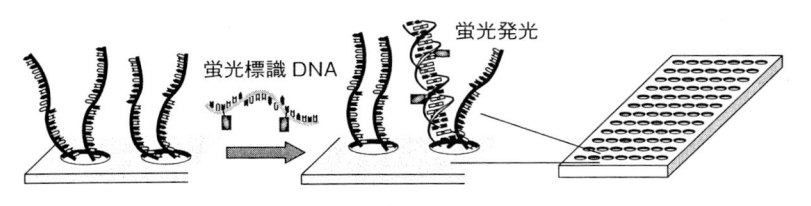

図 7.A　DNA マイクロアレイの原理

プロテオーム解析

ある細胞の中に存在するすべての蛋白質を分別し，各蛋白質成分がどのような状況でどの程度発現しているかを調べる方法をいう．例えばがん細胞と正常細胞とで，発現している蛋白質の種類や量の違いを解析する．これによって，がんの発症の原因を見いだす．あるいはある薬剤を細胞に投与したとき，その細胞中のどの蛋白質の量が変化しているかを調べる．これによって，その薬剤がどの蛋白質に作用しているかを見る．プロテオーム解析は，（1）蛋白質混合物から 1 種類ずつの蛋白質を分画する操作と，（2）分画された蛋白質を同定する操作が必要となる．実際には，縦方向を蛋白質の分子量によって分画し，横方向を蛋白質の電荷量によって分画した 2 次元ゲル電気泳動で蛋白質 1 種類ずつに分画する．分画された蛋白質をゲルごと切り取り，

第7章 人工生体分子の医療応用

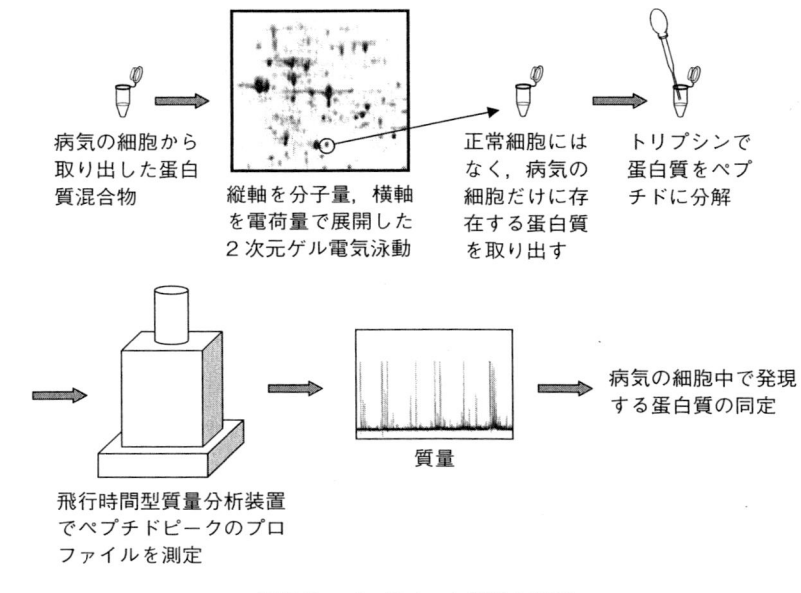

図7.B プロテオーム解析の原理

それをトリプシン処理することによってペプチドに分解する．これを質量スペクトルを用いて解析することによって，蛋白質を同定する．

演習問題

[1] One-Bead One-Compound 法では毎回ビーズを m 分割してそれぞれに異なるアミノ酸を結合させる．もしこの分割を行わず，m 種類のアミノ酸混合物でペプチド鎖を延長すると，どのようなライブラリーができるか．

[2] 位置スキャンライブラリーでは，各サブライブラリーの活性を別々に測定するために時間がかかり，また再現性が悪くなる．各サブライブラリーを何らかの方法で識別し，それらをすべて混合して活性を測定できれば，短時間で選択が可能になる．このような識別を行うにはどのような方法が考えられるか．

[3] 蛋白質に細胞導入機能を付与するため，C末端に TAT 配列 YGRKKKRRQRRR を付与したい．そのための遺伝子配列を提案せよ．

参 考 文 献

<第1章>
田村隆明・山本 雅 編:『分子生物学イラストレイテッド』改訂第2版, 羊土社 (2003).
中村義一 編:『RNA がわかる 多彩な生命現象を司る RNA の機能から RNAi, 創薬の応用まで』羊土社 (2003).
P. C. Turner, A. G. McLennan, A. D. Bates, M. R. H. White:『分子生物学キーノート』キーノートシリーズ, 田之倉 優・村松知成・八木澤 仁 訳, シュプリンガー・フェアラーク東京 (2002).

<第2章>
P. C. Turner, A. G. McLennan, A. D. Bates, M. R. H. White:『分子生物学キーノート』キーノートシリーズ, 田之倉 優・村松知成・八木澤 仁 訳, シュプリンガー・フェアラーク東京 (2002).
黒木登志夫・許 南浩・千田和弘 編:『分子生物学研究のための新培養細胞実験法』改訂第2版, バイオマニュアル UP シリーズ, 羊土社 (1999).

<第3章, 第4章>
S. L. Schreiber, T. Kapoor, G. Wess 編:『Chemical Biology』Vol.1-3, Wiley-VCH (2007).

<第5章>
田村隆明・山本 雅 編:『分子生物学イラストレイテッド』改訂第2版, 羊土社 (2003).
中村義一 編:『RNA がわかる 多彩な生命現象を司る RNA の機能から RNAi, 創薬の応用まで』羊土社 (2003).
柳川弘志:『RNA のニューエイジ』羊土社 (1993).

<第7章>
長野哲雄・原 博・夏苅英昭 編:『創薬化学』東京化学同人 (2004).

演習問題解答

第1章

[1] プロモーター，ターミネーター．

[2] アミノアシル tRNA 合成酵素．1段階目ではアミノ酸と ATP を反応させてアミノアシル AMP を合成し，2段階目ではアミノアシル AMP と tRNA を反応させてアミノアシル tRNA を合成する（1.5.2 項の1) 参照）．

[3] wobble 則，AAC，AAU（図 1.25 参照）．

[4] S30（大腸菌抽出物），mRNA，ATP，GTP，20 種類のアミノ酸など（図 1.30 参照）．

[5] ① まず，S30 の市販品を購入する場合を考えよう．少量の蛋白質合成ならまだしも，大量合成を行う場合には大変なコストがかかる．また翻訳の鋳型となる mRNA（または DNA）も大量に必要となり，合成コストおよび手間の問題がある．一方，大腸菌を用いた方法で必要になる材料は少量のプラスミド DNA と少量の大腸菌と培地であるので，生体外翻訳系よりかなり低コストで大量合成が可能となる．② 次に，生体外翻訳において S30 を自作する場合を考えよう．S30 をつくるために，大腸菌を大量培養したのち集菌，破砕，遠心，透析など行わなければならず，S30 を得た後ようやく蛋白質合成を始めることができる．一方，大腸菌を用いた方法では，目的蛋白質を生産する大腸菌を大量培養した時点で蛋白質の大量合成は完了しているので，こちらの方法の方が簡便である．

第2章

[1] 5′ 端にリン酸基が付いており，3′ 端にはリン酸基が付いていないこと．そして，双方の末端が相補的な突出末端（あるいは双方とも平滑末端）となっていること．

[2] 精製した多量の蛋白質の鎖長を確認したいとき：SDS-PAGE 後 CBB などで染色する．未精製の蛋白質の鎖長を確認したいとき：SDS-PAGE 後，その蛋白質に特異的な抗体でウェスタンブロッティングをする．

[3] 色素排除法.
[4] 増やす DNA は 2000 bp，すなわち 4000 塩基．したがって1サイクル目で増えた DNA には平均して1塩基の変異が入るので，鋳型 DNA（変異なし）を含めると平均して 0.5 塩基の変異が入ったことになる．鋳型となる DNA に平均 0.5 塩基変異が入っている状態で2サイクル目を行うと，2サイクル目の産物には平均 1.5 塩基変異が入ることになる．2サイクル目の鋳型と産物を平均すると1塩基の変異が入ることになる．このように考えると，20 サイクル後の DNA には，平均して 10 塩基の変異が入っていると考えられる．
[5] 蛋白質遺伝子を PCR により増幅する際，蛋白質 N 末端側に相当するプライマーとして，「EcoRI サイト－His タグをコードする DNA 配列－蛋白質遺伝子 5′ 端に相補的な配列」という仕組みのものを用いる．すると，PCR 産物として「His タグが付加した蛋白質」をコードしているものが得られるので，これを制限酵素で切ったプラスミドに連結すればよい．

第 3 章

[1] 合成アナログ分子の例 1：ヌクレオシド 3 リン酸アナログ．DNA や RNA の合成酵素に誤認識されて，DNA や RNA に入り，蛍光基を導入したり DNA 合成を部分的に停止させたりする．

合成アナログ分子の例 2：アミノ酸アナログ．天然アミノ酸と誤認識されて蛋白質中に導入され，蛋白質を蛍光標識したり，機能変換したりする．

合成サロゲート分子の例 1：ペプチド核酸．RNA と安定な相補対を形成し，その機能を抑制したり（アンチセンス），二本鎖 DNA にストランド間侵入して，その機能を抑制する（アンチジーン）．

合成サロゲート分子の例 2：ピロール－イミダゾールポリアミド分子．二本鎖 DNA と配列特異的に結合し，その機能を抑制する．

[2] バイオ誤認識分子の例 1：ある種のアミノ酸アナログ．蛋白質生合成系に誤認識されて，蛋白質に導入される．

バイオ誤認識分子の例 2：いくつかのヌクレオシド 3 リン酸アナログ．RNA 合成酵素や DNA 合成酵素に誤認識されて，RNA や DNA 中に導入される．

バイオ直交分子の例 1：非天然核酸塩基対．既存の A, T, G, C とは何の相互作用もしないが，非天然核酸塩基対同士だけで対合する（ただし，これらの非

天然核酸塩基対は DNA 合成酵素や RNA 合成酵素には誤認識される）．

バイオ直交分子の例 2：ある種の非天然アミノ酸．蛋白質生合成系に存在するすべての ARS の基質とはならないので，通常では蛋白質に導入されることはないが，人工的に作製した ARS によってアミノアシル化されると，蛋白質に導入される（第 4 章参照）．

[3] まず DNA を 20 サイクル程度の PCR によって 2 の 20 乗倍に増幅する．それを RNA 合成酵素を用いて転写して RNA を作製する．このとき，ヌクレオシド 3 リン酸（モノマー）として核酸塩基側鎖に蛍光基が導入されたものを少量混合しておくと，RNA のところどころに蛍光基が導入される（3.2.2 項参照）．

[4] 解答例

コドン－アンチコドン対が拡張できれば，蛋白質生合成に使用できるアミノ酸の種類を増やすことができる．ただしこれは直交アミノ酸を直交 tRNA に結合させる（アミノアシル化させる）ことができたときの話である（3.2.2 項および第 4 章参照）．

[5] アンチセンス法の欠点は，導入されたアンチセンス分子数以上の RNA には対合できないことである．したがってウイルス RNA のように増殖が速いものにはアンチセンス法が有効でないことが予想される（3.2.3 項参照）．

[6] このポリアミドは SV40 中の 5′-AGCTGCTTA-3′/3′-TCGACGAAT-5′ 対と下図のように対合する（3.2.6 項参照）．

[7] 非天然アミノ酸で置換したい天然アミノ酸が細胞中で産生されないように，そのアミノ酸の産生機構が破壊された細胞種を用いる（このような細胞株をアミノ酸要求体と呼ぶ）．それらの細胞を非天然アミノ酸を含む培養液中で培養すると，非天然アミノ酸が導入された蛋白質が作製できる．

第4章

[1] 加えた tRNA は蛋白質生合成系のどれかの ARS によってアミノアシル化を受け，そのアミノ酸はその tRNA のアンチコドンで指定される位置に導入される．

[2] アミノアシル化まで進んでいるので，次の段階は EF-Tu を介したリボソームへの挿入である．すなわち EF-Tu の基質として認識されないか，あるいはリボソームに受け入れられないことが考えられる（1.5.2項参照）．

[3] 使用頻度の高い3塩基コドンではどうしても3塩基コドンとして認識される確率が高い．ほとんど使われていないコドンから派生した4塩基コドンを使うと4塩基コドンの翻訳が有利になる．

[4] 3種類の終止コドン（UAG，UAA，UGA）すべてを用いると，蛋白質合成を止めることができなくなるので，そのうちの2種類を割り当てるのが限界である（4.4節，図1.13参照）．

第5章

[1] アンチセンス法，アンチジーン法，RNA干渉法，遺伝子破壊法など．

[2] 共通点：特定配列の遺伝子の発現を抑制する方法であること，など．相違点：アンチセンス法は遺伝子発現を翻訳の段階で抑制するが，アンチジーン法は転写の段階で抑制するという点，など．そのほかの共通点や相違点については 5.2.1 項参照．

[3] siRNA の生体内での分解を妨げる役割，mRNA との結合を高める役割，など．正解はほかにもあると思われるのでよいアイデアを述べてほしい．

第6章

[1]（理由1）蛋白質と比べ DNA では変異導入の操作が容易だから．（理由2）進化分子工学実験を行うための蛋白質ライブラリーはその蛋白質をコードする核酸をつないでおく必要があるため（6.6節参照）．蛋白質からそれをコードする

核酸をつくることは困難だが，核酸から蛋白質をつくるのは簡単なので．

[2] 核酸塩基は4種で220塩基のランダム配列だから$4^{220} = 3 \times 10^{132}$種類と考えてしまうところだが，1モルの分子数は$6 \times 10^{23}$なので，それ以上の分子種は存在しえない．最大$6 \times 10^{23}$の分子種の混合物といえるだろう．

[3] 図1.13のコドン表と照らし合わせて確認していただきたい．例えばPheのコドンはUUUとUUCの二つであり，DNA上ではTTTとTTCとしてコードされる．それらのうちTTCはNNKに含まれないが，TTTはNNKに含まれる．このような形で20種類のアミノ酸が含まれていることを確認できるはずである．

第7章

[1] 解答例

1個のビーズ上でも異なった種類のペプチドができてしまう．これでもライブラリーはできるが，ビーズ単位でのセレクションはできなくなる．

[2] 解答例

微量で多成分を識別する方法として，現在利用できそうなのは，放射性同位元素法(4種類くらいまで)，蛍光法(10種類くらいまで)，質量分析法などが考えられる．

[3] 解答例 (図1.13参照)

1) TAT GGT CGT AAA AAA AAA CGT CGT CAA CGT CGT CGT

2) TAC GGC CGC AAG AAG AAG CGC CGC CAG CGC CGC CGC

索　引

ア

アガロースゲル　47
アゴニスト　68
アジドホモアラニン　90
アゾベンゼン基　83, 99
アデノウイルス　173
アドリアマイシン　165
アナログ　68
アビジン　95
アプタマー　140
アミノアシルtRNA　25
　——合成酵素　22
アミノアシル化　109
アミノ酸アナログ　88
アルカリホスファターゼ　41
アンタゴニスト　68
アンチコドン　16
アンチジーン　81, 125
アンチセンス　76, 77, 123
安定発現株　62
アンバーコドン　114

イ

位置スキャンライブラリー　156
遺伝子ノックアウト　131
遺伝子ノックダウン技術　123

遺伝子破壊　131
インターカレーション　87
イントロン　12

ウ

ウイルス　172
ウェスタンブロッティング　56

エ

エクソン　12
エチジウムブロミド　48, 86
エドマン法　153
エネルギー移動　117
エレクトロポレーション　62, 174
エンドサイトーシス　168

オ

黄体形成ホルモン放出ホルモン　71
オペレーター　12
オペロン　11

カ

開始過程　30
開始コドン　15
回文配列　40
解離因子　30

化学的アミノアシル化　109
化学療法　146
核酸アナログ　76
カルモジュリン　117

キ

擬相補対　81
キャップ構造　12
共焦点レーザー走査蛍光顕微鏡　64, 160
近赤外蛍光標識　161

ク

クマジーブリリアントブルー　54
クラスリン　169
クローニング　48
クローン　48
クロマチン　121

ケ

蛍光性蛋白質　65
蛍光標識　159
継代　59
血球計算盤　60
ゲル電気泳動　47
原核生物　1

コ

抗FLAG抗体　96
抗がん剤　165

索　引

抗原　96
合成生命体　113
抗生物質　48
抗体　96
コサック配列　62
コドン　15
コドン表　15
コロニー　48
コンタミネーション　59
コンピテント細胞　48

サ

細胞数の測定　60
細胞プローブ　146
細胞膜　151
細胞膜透過機構　167
サロゲート　69

シ

シーケンス　46
磁気共鳴イメージング　163
シグナルペプチド　31
脂質2分子膜　151
脂質二重膜　166
シスプラチン　165
ジデオキシヌクレオチド　50
ジデオキシ法　50
シャイン・ダルガノ配列　30
終結過程　30
終止コドン　15, 114
受容体　68
上皮成長因子受容体　151, 175
触媒抗体　97

真核生物　1
進化分子工学　134
人工核酸　76
人工ワクチン　151
新生血管　158
伸長過程　30

ス

ストランド間侵入　80
ストレプトアビジン　95
スプライシング　12

セ

制限酵素　39
生体外生合成　117
生体外蛋白質合成系　33
西洋わさびペルオキシダーゼ　92, 93
セリウムイオン　84
セレノシステイン　107
セレノメチオニン　90
センス鎖　7
セントラルドグマ　20, 31

タ

ターミネーター　10
耐熱性DNAポリメラーゼ　44
タキソール　165

チ

直接膜透過　168

テ

ディスタマイシンA　85
テーラーメード薬　178

デオキシリボヌクレオシド3リン酸　5
デオキシリボース　1
転写　7
転写後修飾　12
点変異の導入　45

ト

糖鎖　151
ドットブロッティング　56
トリパンブルー　61

ニ

二重らせん構造　3

ヌ

ヌクレオシド　2
ヌクレオチド　2

ノ

ノンコーディングRNA　7

ハ

バイオ誤認識分子　70, 71
バイオ直交
　——ARS　109
　——tRNA　107
　——セット　105
　——反応　91
　——分子　70, 91
バイオ不活性分子　71
培養細胞　58
ハプテン　97
ハンマーヘッド型

索　引

リボザイム　127

ヒ

ビオチン　95
光異性化　83, 99
非天然
　──アミノ酸　105
　──塩基対　74
　──変異蛋白質　105
標的分子　151
ピリミジン塩基　3
ピロールーイミダゾール
　ポリアミド　85
ピロリシン　107

フ

ファージ　9
フーグステン型水素結合　80
プライマー　5, 44
プラスミド　39
プリン塩基　2
プロセシング　12, 31
プロテオーム解析　150, 179
プロモーター　10
分子イメージング　151
分子標的薬　146, 175
分子プローブ　146

ヘ

ペプチド　71
　──RNA　82
　──核酸　69, 78
　──固相合成　100
　──シーケンサー　153

──ライブラリー　152
変異遺伝子ライブラリー　134

ホ

ポリアクリルアミドゲル　47
ポリソーム　31
ポリヌクレオチド
　キナーゼ　41
ポリメラーゼ連鎖反応　44
ホルモン　68
翻訳　7

マ

マイクロ RNA（miRNA）　123
マイクロアレイ　149, 178
マイクロインジェクション　62, 174
マイナーグルーブ　3, 85
　──バインダー　88
マクロファージ　164
マレイミド基　93

ミ

ミセル　168

ム

無細胞蛋白質合成系　33

メ

メジャーグルーブ　3
メタン生産古細菌　110

モ

モノクローナル抗体　96, 164

ヨ

陽電子放射トモグラフィ　162

ラ

ライゲーション　41
ライブラリー　135
ラクトースオペロン　11

リ

リード化合物　176
リガンド　68
リプレッサー　12
リボザイム　126
リボソーム　19, 20, 107
　──ディスプレイ法　143
リポソーム　168

レ

レセプター　68
レトロウイルス　174

ワ

ワトソン−クリック
　──塩基対　26
　──型水素結合　80

欧文，その他

4 塩基コドン　114
5-フルオロウラシル　165

索引

ARS　22
Aサイト　21
BAP　41
BNA　77
B細胞　97
CBB　54
cDNA　43
CPP　171
ddNTP　50, 73
DNA
　——アルキル化剤　86
　——固相合成　103
　——シャッフリング　137
　——チップ　179
　——配列決定　46
DNAポリメラーゼ　5, 73
DNAリガーゼ　41
dNTP　5, 73
dsRNA　128
EF-G　26
EF-Tu　25, 107
EPR効果　158

Error-Prone PCR　137
FDG　163
FLAG配列　96
FlAsH　91
Fmocアミノ酸　102, 152
Hisタグ　39, 52, 96
ICタグ法　155
in vitro
　——ウイルス法　144
　——翻訳系　33
IPTG　35
isoC−isoG対　75
LH-RH　71
MRI　163
mRNA　7
Native Ligation法　94
Ni-カラム　52
One-Bead One-Compound法　153
Pa−Ds対　75
PCR　43
PET　162

PNA　78
Pサイト　21
RISC　128
RNAi　128
RNaseH　78, 124
RNA干渉　128
RNAポリメラーゼ　9, 73
rRNA　20
S−S結合　91
S−オリゴDNA　76
SD配列　30
SDS-PAGE　54
shRNA　129
SH基　91
siRNA　128
Staudinger反応　91
T7タグ　39
TATペプチド　172
tRNA　16
wobble塩基対　27
wobble則　27

著者略歴

宍戸昌彦（ししど まさひこ）

1944年京都府生まれ．京都大学大学院工学研究科高分子化学専攻修了．岡山大学名誉教授．研究テーマは化学生物学，ペプチド化学．工学博士．

大槻高史（おおつき たかし）

1970年東京都生まれ．東京大学大学院工学系研究科化学生命工学専攻修了．岡山大学大学院自然科学研究科教授．研究テーマは翻訳系の有機化学的拡張，RNA工学．博士（工学）．

化学の指針シリーズ　生物有機化学 ―ケミカルバイオロジーへの展開―

2008年2月25日　第1版発行
2016年3月15日　第2版1刷発行
2018年4月10日　第2版2刷発行

検印省略

定価はカバーに表示してあります．

著作者　宍戸昌彦
　　　　大槻高史
発行者　吉野和浩
発行所　東京都千代田区四番町8-1
　　　　電話　03-3262-9166（代）
　　　　郵便番号 102-0081
　　　　株式会社　裳華房

印刷所
製本所　株式会社デジタルパブリッシングサービス

JCOPY 〈(社)出版者著作権管理機構 委託出版物〉

本書の無断複写は著作権法上での例外を除き禁じられています．複写される場合は，そのつど事前に，(社)出版者著作権管理機構（電話03-3513-6969，FAX 03-3513-6979，e-mail: info@jcopy.or.jp）の許諾を得てください．

社団法人自然科学書協会会員

ISBN 978-4-7853-3220-4

© 宍戸昌彦，大槻高史，2008　　Printed in Japan

化学新シリーズ
生物有機化学 −新たなバイオを切り拓く−

小宮山 真 著　Ａ５判／158頁／定価（本体2400円＋税）

　有限な地球という制約条件のなかで，豊かな社会をいかに維持発展できるか．科学的に信頼のおけるデータだけをもとに，地球環境の現状を理解し，環境問題を解決するための具体的な方策を提言する．好評既刊『化学の指針シリーズ 化学環境学』をベースにしつつ，できうる限り最新のデータを組み込み，大幅に再編・改訂・加筆したものである．

【主要目次】
1. 生物有機化学とは　2. タンパク質の構造と機能　3. 核酸　4. バイオテクノロジー　5. 生体反応のエネルギー源：ATP　6. 触媒作用の基礎　7. 酵素の構造と機能　8. 代表的な酵素（α-キモトリプシン）の作用機構　9. 補酵素　10. 分子内反応と分子内触媒作用　11. 複数の官能基の協同触媒作用　12. 人工ホスト　13. 人工酵素

ゲノム創薬科学

田沼靖一 編　Ａ５判／322頁／定価（本体4400円＋税）

　ヒトゲノム情報を基にした理論的創薬である「ゲノム創薬」が，さまざまな分野と連携しながら急速に進展している．本書は，「個別化医療」から，さらには「精密医療」を見すえた「ゲノム創薬科学」の現状と展望を，各分野の専門家が分かりやすく解説した実践的教科書・参考書である．

【主要目次】
1. 創薬科学の新潮流　2. 創薬標的分子の探索　3. 薬物−標的分子の相互作用　4. 理論的ゲノム創薬手法　5. 低分子医薬品の創製　6. バイオ医薬品の創製　7. ファーマコインフォマティクス　8. 創薬とシステム生物学　9. 薬物の体内動態　10. 薬物の送達システム　11. 遺伝子診断と個別化医療

新バイオの扉 −未来を拓く生物工学の世界−

高木正道 監修／池田友久 編集代表　Ａ５判／272頁／定価（本体2600円＋税）

　本書では，バイオテクノロジーをレッドバイオ（医療・健康のためのバイオ），グリーンバイオ（植物・食糧生産のためのバイオ），ホワイトバイオ（バイオ製品の工業生産）などに分け，私たちの暮らしに役立っているバイオ技術の現状を，第一線の現場で活躍する日本技術士会生物工学部会の会員がわかりやすく解説する．

【主要目次】
第Ⅰ編 レッドバイオ（からだを守る生体防御のしくみ／クスリとバイオ／プロバイオティクス／バイオ医薬品／診断薬／化粧品の安全性／再生医療）　第Ⅱ編 グリーンバイオ（遺伝子組換え作物／植物のゲノム育種／野菜の育種／家畜の育種／生物農薬／機能性食品／機能性糖質）　第Ⅲ編 ホワイトバイオ（バイオマス利用／バイオリファイナリー／バイオ燃料／バイオプラスチック／バイオリアクター／酵素プロセス／バイオ医薬品の生産）　第Ⅳ編 バイオ・ア・ラ・カルト（オミックス解析／次世代シーケンサー／バイオインフォマティクス／ナノバイオテクノロジー／ATP，生命のエネルギー通貨／進化分子工学／環境浄化技術／地殻微生物の世界／バイオをめぐる知財

裳華房ホームページ　https://www.shokabo.co.jp/